L'ÉLECTROTECHNIE AGRICOLE

EN ALLEMAGNE

SON AVENIR EN FRANCE ET DANS NOS COLONIES

PAR

M. PAUL RENAUD

INGÉNIEUR

ANCIEN ÉLÈVE DE L'ÉCOLE DE PHYSIQUE ET DE CHIMIE INDUSTRIELLES DE PARIS

AVEC UNE PRÉFACE DE

M. TISSERAND

DIRECTEUR HONORAIRE DE L'AGRICULTURE

EXTRAIT DU *BULLETIN* DE JANVIER 1899

PARIS

TYPOGRAPHIE CHAMEROT ET RENOUARD

19, RUE DES SAINTS-PÈRES, 19

1899

SOCIÉTÉ D'ENCOURAGEMENT

POUR L'INDUSTRIE NATIONALE

Fondée en 1801

RECONNUE COMME ÉTABLISSEMENT D'UTILITÉ PUBLIQUE PAR ORDONNANCE DU 21 AVRIL 1824

Rue de Rennes, 44, à Paris.

L'ÉLECTROTECHNIE AGRICOLE

EN ALLEMAGNE

SON AVENIR EN FRANCE ET DANS NOS COLONIES

PAR

M. PAUL RENAUD

INGÉNIEUR

ANCIEN ÉLÈVE DE L'ÉCOLE DE PHYSIQUE ET DE CHIMIE INDUSTRIELLES DE PARIS

AVEC UNE PRÉFACE DE

M. TISSERAND

DIRECTEUR HONORAIRE DE L'AGRICULTURE

EXTRAIT DU *BULLETIN* DE JANVIER 1899

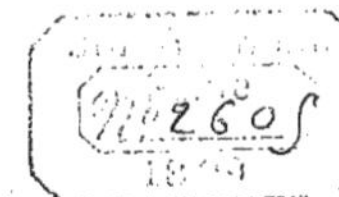

PARIS

TYPOGRAPHIE CHAMEROT ET RENOUARD

19, RUE DES SAINTS-PÈRES, 19

1899

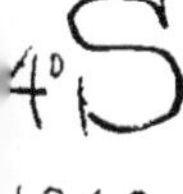

A MONSIEUR TISSERAND

DIRECTEUR HONORAIRE DE L'AGRICULTURE

Hommage respectueux.

PRÉFACE

De toutes les branches de la science, il n'y en a pas qui ait accompli d'aussi grands progrès que l'électricité.

Les applications qui en ont été faites dans ce dernier quart de siècle tiennent du prodige et se multiplient chaque jour : grâce à elles, il n'y a plus de distances : les correspondances s'échangent, on peut dire, instantanément,.et la parole vole à travers l'espace aussi vite que la pensée.

Dans nos usines, l'électricité permet à l'homme de mettre en mouvement les organes les plus délicats comme les plus puissants de nos machines ; c'est avec elle que le marteau-pilon de 50 tonnes et plus, que les ponts roulants ¦peuvent fonctionner au gré d'un ouvrier, d'un enfant, avec une docilité et une précision merveilleuses.

C'est elle qui fournit à l'homme le moyen d'utiliser et de transporter à distance des forces naguère considérées comme inutilisables, dans les profonds ravins de nos montagnes !...

L'électricité éclaire les villes d'un éclat merveilleux ; comme moyen de transport, son énergie ne connaît pas d'obstacle et l'on parle déjà aux États-Unis de réaliser avec elle, pour la marche des trains, des vitesses vertigineuses de 200 kilomètres à l'heure.

Je ne parle pas des applications de l'électricité aux industries chimiques, aux industries extractives, à la galvanoplastie ! Elles sont trop connues et trop nombreuses, mais je ne puis passer sous silence les horizons qu'elles ouvrent à la médecine, à la chirurgie, à la pathologie, pour l'exploration du corps humain et le traitement des désordres les plus profonds qui se produisent dans l'organisme !

L'agriculture a-t-elle, comme l'industrie des transports, comme les industries manufacturières et autres, tiré un égal parti des découvertes faites depuis trente ans sur l'électricité? A-t-elle effectué dans son domaine d'aussi importantes applications?

A première vue, il semble que l'agriculture devait être la première à utiliser au maximum cette merveilleuse source de force, de lumière et de chaleur qu'offre l'électricité.

Elle a en effet pour elle les grands espaces; elle dispose, comme pas une industrie, de deux inépuisables réservoirs de forces incommensurables : de l'air, qui forme l'atmosphère de notre planète et de l'eau qui coule de nos montagnes; et cependant, nous devons le reconnaître, à notre grand regret, il n'en a rien été jusqu'à présent.

L'action de l'électricité sur la croissance et le développement de nos végétaux cultivés est toujours mystérieuse. Elle n'a fait l'objet que de timides et insuffisantes recherches!

Pour la transmission et l'utilisation des forces naturelles, nous sommes un peu plus avancés, mais de combien peu : de rares tentatives ont été faites pour employer l'énergie électrique au labour et au défoncement des terres; et cependant que d'applications à faire non seulement pour les travaux de la culture, mais pour la coupe de nos fourrages et de nos moissons, pour le battage de nos grains, pour le transport des récoltes, pour la préparation des denrées dans l'intérieur de la ferme!

L'agriculture française dépense annuellement pour ses travaux environ 4 milliards de francs en salaires, et l'entretien de ses moteurs animés (chevaux et bœufs de travail) lui coûte trois autres milliards : c'est en tout 7 milliards pour un produit brut qui oscille entre 14 et 15 milliards; soit une dépense de 50 p. 100 du produit brut!

Ne serait-il pas possible de réduire cette énorme dépense, en puisant dans ce réservoir inépuisable de forces naturelles, de forces gratuites dont nous venons de parler?

Ne pourrions-nous pas remplacer une partie de ces moteurs animés, qui nous coûtent si cher à entretenir par ces moteurs mécaniques que l'électricité ne demande qu'à mettre à notre disposition?

Après toutes les merveilles accomplies par l'électricité, le doute n'est pas possible.

Pourquoi notre agriculture est-elle restée en retard dans les applications de l'électricité! Ce n'est pas que le besoin s'en fasse moins sentir que dans l'industrie, car dans ce siècle de concurrence à outrance où la lutte pour la vie est devenue si vive et si ardente, les agriculteurs sont aux prises avec les mêmes difficultés que les manufacturiers et les métallurgistes; ils ont un égal besoin de réduire leurs frais de production et d'élever leurs rendements. Le retard provient en grande partie de ce que l'attention des maîtres de la science, des ingénieurs-électriciens les plus éminents ne s'est pas portée de ce côté, que leur génie inventif n'a pas été sollicité dans le sens des recherches nécessaires.

Ce ne sont évidemment ni les cultivateurs, ni même les agronomes qui peuvent trouver les solutions pratiques que nous appelons de tous nos vœux. Pour découvrir les formes sous lesquelles l'électricité peut être utilisée en agriculture, il faut le concours d'une science profonde alliée à une connaissance intime de l'outillage électrique et des conditions de son fonctionnement. L'État et les grandes associations agricoles surtout doivent faire dans ce but tous leurs efforts, accorder leurs encouragements pour attirer vers l'agriculture les chercheurs et les savants les plus éminents! N'est-ce pas à des efforts analogues que l'agriculture et, avec elle, l'humanité entière doivent les immortelles découvertes de Pasteur? — Il faut enfin que dans nos écoles professionnelles de tous les degrés et par un enseignement large et bien approprié, on initie la jeunesse agricole qui les fréquente, aux connaissances acquises sur l'électricité, aux applications merveilleuses qui ont été déjà réalisées et qu'on leur fasse apercevoir l'importance de celles dont l'exploitation du sol est susceptible. Si le problème à résoudre pour l'agriculture paraît difficile, on ne doit pas en désespérer, on ne peut pas en désespérer quand on a assisté à l'éclosion de toutes les découvertes de ces dernières années, découvertes qui sont bien faites pour étonner les esprits les plus hardis et surprendre les conceptions les plus audacieuses.

Et quant à moi, j'entrevois déjà le moment où les forces naturelles recueillies, condensées et distribuées dans toutes les parties de la ferme serviront, ici pour activer la végétation et accroître les rendements, là pour défoncer les terres, les labourer, pour faire les semailles, moissonner les champs, éclairer les moissonneurs pendant la nuit, transporter les produits, battre les grains, hacher la paille, triturer les betteraves, moudre le blé, etc.

Émettre une pareille opinion, concevoir une telle espérance eût passé, il y a quelques années, pour une utopie ; aujourd'hui ce n'est plus même un rêve, ce sera une réalité dans le xxe siècle quand on le voudra, et nous devons dès maintenant féliciter les jeunes ingénieurs qui préparent cette grande transformation, indiquent la voie à suivre pour y parvenir, et nous font part de leurs idées, de leurs travaux personnels et de ceux qui se font autour d'eux, en nous renseignant principalement sur les tentatives faites dans les pays étrangers. A ce point de vue, M. Paul Renaud a fait une œuvre méritoire et ce nous est un grand plaisir d'avoir à l'en louer ici.

E. TISSERAND.

L'ÉLECTROTECHNIE AGRICOLE

EN ALLEMAGNE[1]

J'ai déjà eu l'honneur l'année dernière (2) de venir vous entretenir de l'électricité employée comme force motrice en agriculture. C'était alors une revue de ce qui avait été effectué ; mais aujourd'hui, étant donné le grand développement qu'a pris la question, je veux me borner à vous exposer en détail ce qui a été fait ces temps derniers chez notre redoutable concurrent d'outre-Rhin, sauf, plus tard, à revenir peut-être sur un autre pays, non moins intéressant pour nous, les États-Unis, où, dans certaines régions, comme l'Ouest américain, on est arrivé, par ce mode de culture, à produire le blé à raison de 2 fr. 50 l'hectolitre.

Je crois, en effet, que le meilleur moyen, pour un pays, de marcher de l'avant ne consiste pas à jalouser ses concurrents en rejetant tout ce qui a été fait par eux, mais au contraire à étudier ce qu'ils ont exécuté, en cherchant à en profiter le mieux possible, en prenant ce qu'il y a de bon, en y ajoutant ce que notre imagination nous suggère et en adaptant à nos convenances les principes qu'ils ont su mettre en œuvre.

On peut, tout d'abord, se demander comment il se fait que cette application de l'électricité ait réussi en Allemagne et chercher à expliquer sa propagation dans ce pays. C'est que l'étude n'en a pas été faite, comme chez nous, par de simples particuliers, soit qu'ils cherchent à réaliser une idée, soit, comme M. Félix Prat, qu'ils espèrent par là pouvoir arriver à produire plus et meilleur marché. Ce sont au contraire des constructeurs mécaniciens et électriciens qui ont créé peu à peu des appareils homogènes, commodes, simples, en un mot, des appareils ayant quelques chances de réussir en agriculture.

Ces constructeurs ont réalisé des types de moteurs électriques spécialement destinés à cet emploi ; ils ont fait des essais, ils ont modifié peu à peu leurs premiers types et sont ainsi arrivés aux instruments que je vais avoir l'honneur de vous décrire.

(1) Communication faite à la séance du 10 juin 1898.
(2) Voir le *Bulletin* de mai 1897.

1

Mais il ne suffit pas d'avoir des appareils; il faut encore voir s'ils sont bons, commodes et utiles. Le gouvernement prussien, en mettant ses différents domaines nationaux du Sillium (1), de Rodenberg (2), de Kleinhof (3), de Seedranken (4), de Clœden (5), en exploitation par ces procédés, et la Société Allemande d'Agriculture, en créant des concours, ont permis à tout le monde de se rendre compte des avantages de ces appareils.

Nous allons, pour débuter, examiner les différents modes de production d'énergie électrique qui ont été préconisés et employés, puis les modes de transport de l'électricité.

Nous verrons ensuite quelle utilisation a été faite de cette énergie, soit pour les différents travaux agricoles, soit pour l'éclairage.

PRODUCTION DE L'ÉNERGIE ÉLECTRIQUE

Au point de vue de la production, il y a tout de suite à choisir entre les forces naturelles et les forces artificielles.

Les premières en général sont les plus économiques.

La force du vent, quoique quelque peu employée pour la production de l'électricité aux États-Unis, n'a eu guère d'utilisation en Allemagne. Il en est de même en France, bien que certaines de nos régions possèdent des vents réguliers. Le vent n'est employé que pour l'élévation de l'eau et la meunerie; on n'en a que de très rares exemples d'emploi pour la production d'électricité (7). Voici la puissance en chevaux fournie par le vent, utilisée en France :

$$
\begin{array}{lll}
\text{En 1882.} & \ldots & 27\,438^{\text{chx}}\ (20\,578\ \text{P}^{\text{ts}}\!,5)\ (6) \\
\text{En 1892.} & \ldots & 39\,017^{\text{chx}}\ (29\,262\ \text{P}^{\text{ts}})\ 75
\end{array}
$$

Le Finistère figure dans ce dernier chiffre pour 10 488 chevaux (7 866 poncelets) à lui tout seul.

Cependant il faut citer les expériences du professeur La Cour, qui s'est livré à de nombreuses études sur les moulins à vent, et a imaginé un régulateur, le « Kratostale », permettant à un moulin à vent de commander facilement une dynamo.

M. La Cour préconise surtout l'emploi des moulins à ailes verticales.

(1) Sur la pente nord du Harz. Cercle de Marienburg, district de l'Hildesheim, près de la « Nette », affluent de l' « Innerste ».

(2) Cercle de Rinteln, district de Cassel, près de l' « Aue ».

(3) Cercle de Wehlau, district de Königsberg.

(4) Cercle de Oletzkow, district de Gumbinnen.

(5) Cercle de Schweinitz, district de Merseburg.

(6) C'est sous l'inspiration de M. E. Hospitalier que nous avons adopté la notation en *Poncelets,* cette unité ayant l'avantage de correspondre à peu de chose près au kilowatt et, par suite, facilitant beaucoup les calculs de puissance en électricité.

(7) Voir *Bulletin* de mai 1897.

Il a constaté qu'un moulin de 16 ailes ne fait que 1 fois 1/3 autant de travail qu'un autre à 4 ailes seulement et que le rendement du vent frappant les ailes atteint 143,7 p. 100, ce qui s'explique par ce fait qu'on tient compte de l'effet de succion, opéré sous le vent, par le courant qui passe entre les ailes. C'est à cause de cette succion qu'il importe le plus de donner aux ailes une forme concave. Si, pour mesurer la proportion de vent utilisé, on fait état de la surface vide entre les ailes, on n'obtient plus qu'un rendement de 21 p. 100 (1).

Il faut noter en passant l'appareil réalisé par un Français, M. Soifranc, ayant pour but de régulariser l'action du vent de façon à en permettre l'emploi pour la production de l'électricité. Son dispositif consiste en une aile pendante faisant face au vent et placée en avant du moulin. Cette aile est le frein modérateur, elle est suspendue sur deux consoles et se termine par un arc de cercle qui se trouve placé au-dessus d'une poulie fixée sur l'arbre du moulin. Cette aile oscillante est frappée par le vent, et, lorsqu'il augmente trop, elle opère un mouvement de bascule qui amène le cercle qu'elle porte au contact de la poulie et fait frein à friction, ralentissant ainsi la vitesse du moulin. Comme c'est la même force qui agit sur le frein que sur les ailes on s'explique que la résistance est aussi instantanée que la puissance. Enfin les ailettes des moulins sont maintenues inclinées sur le vent à l'aide d'un ressort; lorsque celui-ci devient trop fort, elles s'effacent. Néanmoins ce dispositif n'est pas encore suffisant; il faut intercaler une batterie d'accumulateurs sur le circuit.

Au contraire des précédentes, les forces hydrauliques ont été très employées et même étudiées avec beaucoup de soin, comme je vous le montrerai tout à l'heure.

C'est surtout ce genre de force motrice qui est appelé à faciliter l'emploi de l'électricité en agriculture, et cela à cause de son facile entretien comme mécanisme, du peu de surveillance qu'il nécessite et de l'économie que l'on doit y trouver en général. On est même arrivé maintenant, avec les forces hydrauliques, à supprimer presque complètement le mécanicien, le conducteur de l'usine génératrice, ou, tout au moins, à lui laisser assez de temps pour s'occuper d'autres travaux pendant la marche des appareils agricoles, travaux qui peuvent consister dans la conduite des appareils de sciage pour le bois. Il en résulte que l'on peut réaliser un nouveau bénéfice assez considérable.

Ce résultat a été obtenu grâce à divers dispositifs et en particulier avec le régulateur de vitesse à frein électrique pour moteurs hydrauliques, dû à M. E. H Rieter. L'avantage de cet appareil est, en dehors de l'économie signalée plus haut, de ménager beaucoup la dynamo-génératrice.

En effet, les travaux agricoles, comme le labourage, le défonçage, sont discontinus. A chaque extrémité du sillon, il y a arrêt, d'où absorption moins grande

(1) Les moulins hollandais ont un rendement de 13 p. 100, et ceux du genre américain un rendement de 25 p. 100 en moyenne.

d'énergie; il s'ensuit un emballement de la dynamo-génératrice, la réceptrice étant shuntée. Pour éviter cet emballement, dans le cas ordinaire, chez M. Félix Prat, par exemple, le conducteur ferme le distributeur de la turbine, d'où ralentissement de cette dernière. Il y a bien un régulateur à boules dont c'est le rôle, mais il met au moins 3 à 5 minutes pour s'équilibrer pour une variation de $13^{Pts},5$ (18 chevaux). Le conducteur ne met que 50 à 60 secondes. Avec le régulateur de M. Rieter, il suffit de 3 à 4 secondes et le mécanicien n'a pas besoin de s'en occuper.

Cela est très important, car une forte accélération de vitesse est très dangereuse pour les

Fig. 1. — Régulateur *Rieter* pour les turbines à haute pression.

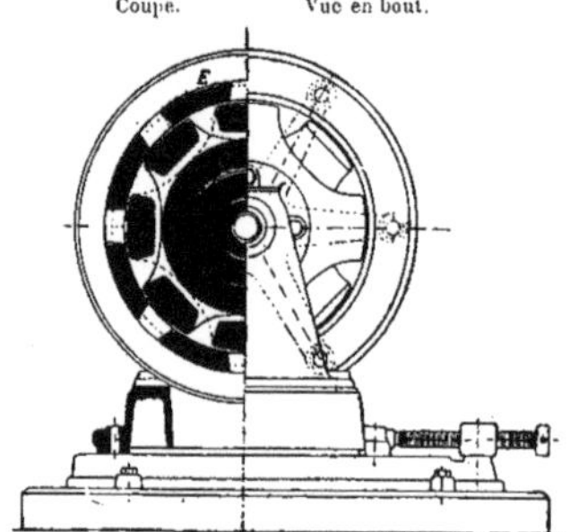

Fig. 2. — Vues perpendiculaires à l'axe du frein *Rieter*.

dynamos, surtout lorsque l'on produit des courants à une tension élevée : on peut percer les isolants et, par suite, mettre l'installation hors de service.

Les forces hydrauliques se présentent sous plusieurs aspects, mais les principales et les plus répandues sont les chutes d'eau. Nous verrons plus loin comment on ramène à cette forme la puissance de la marée.

Dans les installations à chute, deux groupes se présentent :

1° Chute forte et volume d'eau assez faible (on emploie dans ce cas les turbines à haute pression).

2° Chute moyenne ou basse et volume d'eau considérable (on emploie alors différents systèmes de turbines à réaction).

Les turbines à haute pression, généralement à axe horizontal, à injection interne et radiale, permettent un réglage relativement facile.

La maison Rieter, de Winterthur (Suisse), construit, pour ce cas, un régulateur de précision (fig. 1) au moyen duquel on arrive à maintenir, dans la plupart des cas, inférieures à 1 p. 100 les différences de vitesse provoquées par de brusques variations de charges, atteignant jusqu'à 50 p. 100 de la puissance normale.

Pour les turbines à réaction, employées dans le cas de basses chutes, la régulation est plus délicate ; elle est plutôt plus nécessaire, étant donné que ces turbines sont les plus répandues dans les installations électriques usuelles.

D'autres freins ont été préalablement construits dans ce but ; mais ils avaient de très graves inconvénients qui empêchaient de s'en servir pendant une longue durée, car ils étaient, pour la plupart, fondés sur la transformation de l'énergie mécanique en énergie calorifique par frottement ; il s'ensuivait une rapide détérioration des surfaces de contact et, par suite, l'obligation de renoncer à ces appareils.

Le principe de ce régulateur de M. Rieter est des plus simples ; il est fondé sur la découverte de Foucault concernant la résistance qu'oppose, sous l'influence d'un champ magnétique, une masse de fer au mouvement qu'on lui donne. La résistance est proportionnelle à l'intensité de ce champ magnétique ; on agira donc sur ce dernier en faisant varier l'excitation.

Cette variation dans l'excitation est obtenue à l'aide d'un rhéostat, actionné par un régulateur à boule monté sur l'axe de la turbine (fig. 3).

Par la force centrifuge, les boules s'écartent plus ou moins et soulèvent ainsi une pièce portant des contacts dont les longueurs vont en diminuant. Ces tiges se trouvent au-dessus d'une cuve à mercure ;

Fig. 3. — Régulateur *Rieter* pour les turbines à basse pression, agissant sur le rhéostat du frein électrique.

lorsque la vitesse croît, le porte-contact s'abaisse et le rhéostat est supprimé du circuit, l'excitation augmente, et le frein agit ; l'inverse se passe lorsque la vitesse diminue.

Le courant d'excitation peut parvenir soit directement de la dynamo que l'on cherche à régler, soit d'une batterie d'accumulateurs. Le frein (fig. 2, 4 et 5) consiste donc en un système conducteur mobile P et un grand anneau de fer fixe E. Cet anneau muni d'ailettes H facilitant le refroidissement nécessaire pour lutter contre le léger échauffement qui se produit et qui est d'ailleurs sans inconvénient.

Voici quelques résultats obtenus avec cet appareil (fig. 6). (Puissance motrice durant ces expériences : $39^{Pts},60$ ($52^{chx},80$) :

I. On n'a pas de régulateur à frein.

La vitesse étant régulière, on décharge la transmission de 8^{Pts},7 (11^{chx},6); la vitesse passe de 225 tours à 322 graduellement en 13 secondes; puis on charge brusquement de 7^{Pts},975 (10^{chx},5). En 3 secondes, la vitesse retombe de 332 tours à 228.

II. On a un régulateur à frein électrique; on diminue la rapidité d'action du régulateur au moyen d'une cataracte à huile.

Une décharge de la transmission de 8^{Pts},7 fait augmenter en 4 secondes la vitesse de 230 à 276 tours; puis, 5 secondes après, on est revenu à la valeur initiale, 230.

Il y a déjà un grand progrès.

III. On emploie un régulateur à frein électrique sans cataracte.

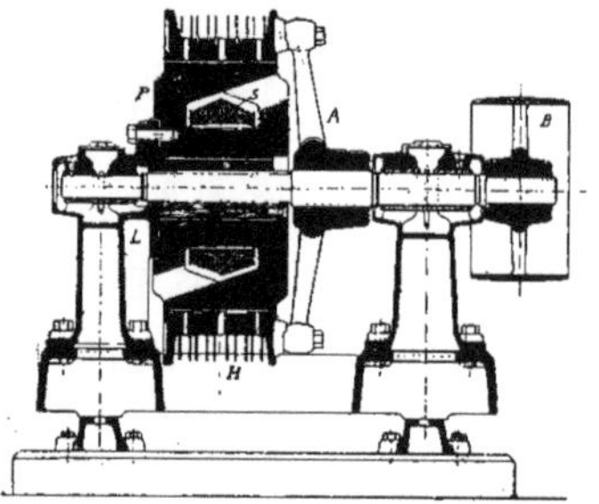
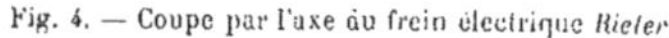

Fig. 4. — Coupe par l'axe du frein électrique *Rieter*.

Fig. 5. — Frein électrique *Rieter*.

On a une décharge de 8^{pt},7; la vitesse ne s'accroît que de 243 à 251 tours et, au bout de 2 à 3 secondes, la vitesse est revenue à 245; la perturbation totale n'a duré que 5 secondes.

IV. On a le régulateur à frein.

La transmission marchant à vide, on mit subitement toute la charge normale; la vitesse baissa de 30 tours en 2 secondes et, 4 secondes plus tard, elle était revenue à sa valeur initiale.

V. On a un régulateur à frein hydraulique (ce frein consiste en un cylindre contenant de l'eau, muni d'un orifice; un piston force cette eau à s'échapper et fait ainsi frein).

La transmission est déchargée de 0^{pt},94 (1^{ch} 1/4); le frein met 9^{sec},5 à entrer en action, et la vitesse passe de 330 à 365 tours, puis diminue, et, après 9 secondes, revient à 330 tours.

VI. La transmission est déchargée de 0^{pt},94 et n'a aucun régulateur à frein.

On voit donc que ce régulateur à frein électrique a une grande influence sur
la régularité. Cela est dû à son action très rapide, à sa grande élasticité et à sa

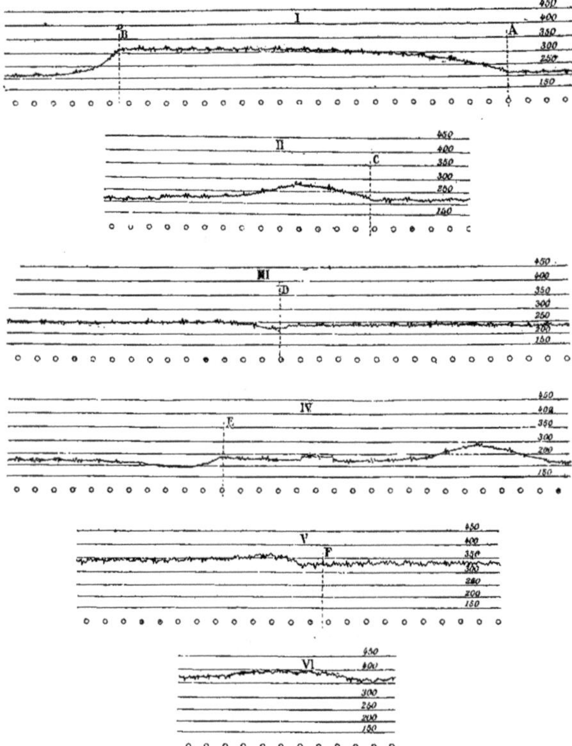

Fig. 6. — Diagrammes relevés aux essais du frein électrique *Rieter*.

continuité, sans crainte de détériorations et sans avoir besoin d'une surveillance
quelconque.

Pour l'emploi dans les travaux agricoles de cet appareil, il faut adopter la
combinaison du régulateur ordinaire à force centrifuge avec régulateur à frein,
mais ce dernier étant un peu en retard sur le premier, de façon à agir, en atten-

dant que le régulateur ordinaire ferme automatiquement les vannes du distributeur. On pourra aussi supprimer totalement l'homme au réglage et on aura une régularité parfaite. Un régulateur à frein électrique, pour une puissance oscillant entre $3^{\text{pls}},75$ et $22^{\text{pls}},5$ (5 à 30 chevaux), coûte 1 600 francs; le rhéostat et le régulateur coûtent 450 francs. Le poids de ce dernier est de 400 kilogrammes.

Malheureusement, cet appareil coûte, comme on vient de le voir, encore assez cher : 2 050 francs.

	Fr.	c.
D'où intérêt à 5 p. 100.	102,50	
Et amortissement en 10 ans.	205	
Total.	307,50	

On peut compter, avec l'entretien, 330 francs. Il faut donc rattraper cette somme sur le travail du conducteur de l'usine; cela est facile si l'on a affaire à une exploitation assez forte et assez régulière, et surtout si l'on possède une scierie.

Mais, dans un certain nombre de cas, cela ne sera pas possible; il faut donc avoir recours à des appareils moins coûteux.

Il existe un dispositif plus simple imaginé par M. Thunderbolt, dont le principe est le suivant. Quand la vitesse augmente, la force électromotrice de la machine augmente aussi : en plaçant sur le circuit de cette dynamo un solénoïde, contenant une tige de fer doux maintenue par un ressort antagoniste équilibré, cette tige sera d'autant plus attirée, que la force électromotrice croîtra. Il suffit donc d'utiliser directement ou indirectement le mouvement de cette tige pour ouvrir ou fermer la vanne d'admission de la turbine. Cet appareil peut même, au besoin, arrêter automatiquement le moteur dans le cas où la charge devient nulle par suite d'un accident quelconque. En donnant une disposition pratique à l'appareil, on peut arriver, croyons-nous, à un résultat assez bon, à meilleur compte qu'avec les appareils précédents.

On oppose bien à l'emploi des forces hydrauliques que nous n'avons pas d'eau dans toutes les régions de la France. Mais il reste cependant encore beaucoup à faire dans les régions qui possèdent de l'eau et, d'ailleurs, cette énergie hydraulique, trop abondante en certains points, peut facilement être distribuée dans une grande surface avec les transports de puissance à haut potentiel qui deviennent de plus en plus fréquents.

Dans le rapport déposé par M. Guillain, le 8 février 1898, sur le bureau de la Chambre, au nom de la commission chargée d'examiner le projet de loi sur la distribution d'énergie, il est dit que :

« On évalue à 10 millions (1) de chevaux la puissance totale des chutes

(1) On saura prochainement à quoi s'en tenir exactement. Par une circulaire adressée le 24 octobre 1898 aux ingénieurs en chef des Ponts et Chaussées par M. le ministre des Travaux

d'eau qu'il serait possible d'aménager *facilement* en France. C'est à peu près autant que la puissance motrice des machines à vapeur employées par l'industrie dans le monde entier, en dehors des chemins de fer et de la navigation. Mais, jusqu'à présent, un dixième à peine de cette puissance hydraulique disponible en France est utilisé. » Soit exactement :

Chevaux.   Poncelets.
1.028.807 (771.605,25)

M. Guillain ajoute :

« Ce chiffre est à peine inférieur à la puissance totale des machines à vapeur employées en France par l'industrie et l'agriculture.

« Si tant de forces hydrauliques restent encore stériles, c'est que jusque dans ces dernières années on ne pouvait les utiliser que sur place. . . . .

. . . .

« Mais l'électricité seule a permis d'aborder résolument le problème du transport à grande distance, de la distribution et de la division indéfinie de l'énergie. »

Une force hydraulique énorme, qui a été peu employée jusqu'ici et qui cependant peut donner de bons résultats, est celle de la marée.

La méthode employée pour cette utilisation est la suivante :

On forme un bassin artificiel, lequel se remplit avec la marée; on le ferme par une écluse, et, lors de la basse mer, il se vide sur un jeu de turbines à réaction.

Un semblable moulin à marée est installé à Pont-l'Abbé (Finistère) (fig. 7 et 7 *bis*).

Il est situé à environ 4 kilomètres de la mer. On a utilisé, en arrière du moulin, un grand étang, mis en communication avec la mer par une rivière qui sert à la fois de canal d'amenée à l'étang pendant la marée montante, et de canal de fuite pendant la marée descendante. Cette rivière est aussi utilisée aux marées montantes et descendantes pour le transport des marchandises par bateaux.

Le moulin construit entre la rivière et l'étang sert pour ainsi dire de barrage, et de chaque côté il a été créé de grands clapets à charnière supérieure s'ouvrant de dehors en dedans, permettant à la marée montante de pénétrer dans l'étang. A la marée descendante, ces clapets se referment par la charge de l'eau de cet étang et, par conséquent, cette eau reste en réserve, pour être ensuite utilisée par les moteurs hydrauliques de l'usine.

On sait que les marées durent environ 12ʰ,30 par jour, soit 6ʰ,15 de marée

publics, le gouvernement s'occupe de faire établir un relevé aussi juste que possible des forces hydrauliques qui pourraient être empruntées, en vue d'utilisations industrielles, à l'ensemble des cours d'eau du territoire.

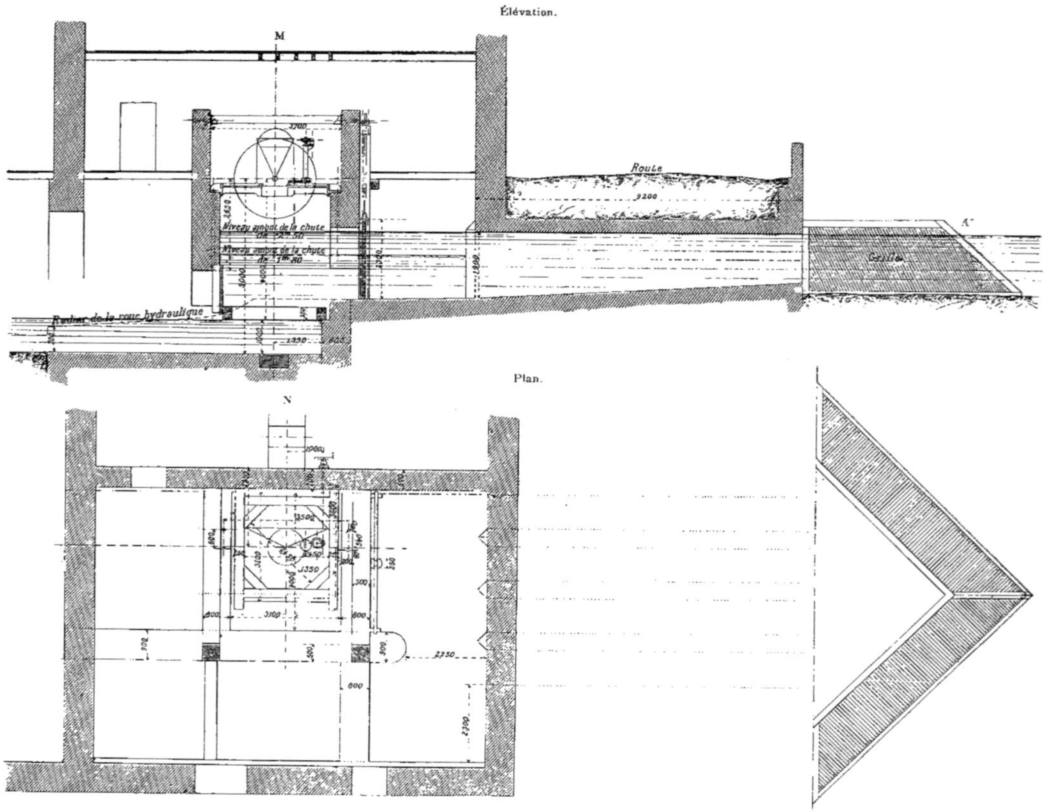

Fig. 7 et 7 *bis*. — Moulin à Marée de Pont-l'Abbé. (Élévation et plan.)
A et A' côté de l'étang. MN, axe de la turbine.

montante et $6^h,15$ de marée descendante. L'éloignement du moulin de Pont-l'Abbé de la mer fait que la marée montante met 3 heures pour arriver au niveau au-dessous des moteurs ; de même, la marée descendante met 3 heures pour baisser à ce même niveau ; elle continue à descendre encore pendant 3 heures. C'est donc 6 heures de pleine chute que l'on utilise à chaque marée, et, en tenant compte que les moteurs peuvent marcher noyés, on travaille 7 heures environ à chaque marée, soit 14 heures par jour.

Voyons maintenant les conditions d'établissement de ces moteurs :

Le moulin possède 10 paires de meules avec accessoires de nettoyage, blu-teries, etc. La force nécessaire pour actionner ce matériel est d'environ 60 poncelets (80 chevaux). La chute utilisable lors des grandes marées est de $2^m,50$ et de 2 mètres en moyenne aux marées basses ; il faut donc produire cette force de 60 poncelets dans les deux cas.

La maison Bonnet, de Toulouse, qui a réalisé cette intéressante installation, a construit deux turbines de $52^{pls},5$ (70 chevaux) chacune, sous $2^m,50$ de chute, soit en tout 105 poncelets (140 chevaux). L'excès de force prévu permet de faire 60 poncelets en tout temps, et aussi de laisser marcher les turbines noyées dans les grandes marées où il y a abondance d'eau.

En travail normal, l'étang baisse de $0^m,45$ à $0^m,50$ environ pendant 7 heures de marche. A ce moment, la quantité d'eau dépensée en moyenne par seconde est de :

$$Q = \frac{T \times 100}{H \times 0,75} \quad \text{le rendement des moteurs étant de 0,75.}$$

$T = 60$ poncelets.

$H = $ en moyenne $2^m,25$.

$$Q = \frac{60 \times 100}{2,25 \times 0,75} = 3\,550 \text{ litres.}$$

Le volume dépensé en 7 heures sera de $3^{m3},550 \times 3\,600^s \times 7^h = 89\,460$ mèt. cubes.

La superficie de l'étang doit donc être de $\dfrac{89\,460}{0,50} = 178\,920$ mètres carrés, soit environ 18 hectares.

La profondeur moyenne de l'étang est de 1 mètre à $1^m,20$ environ, ce qui permet d'avoir toujours de l'eau en réserve, même par les plus basses marées.

Un petit ruisseau d'eau douce, assez abondant pendant l'hiver, se jette dans l'étang et permet à cette époque de l'année de conserver plus longtemps la chute maxima de $2^m,30$.

Les moteurs installés dans ce moulin sont deux turbines à libre déviation, à couronnes parallèles, à arbre creux vertical et vannages à cônes d'enroulement du type Fontaine. Ces turbines actionnent par engrenages coniques un arbre horizontal, qui les accouple et transmet leur force, par un autre engrenage conique, à un arbre vertical, de toute la hauteur du moulin, actionnant les machines de tous les étages.

Comme l'étang et la rivière se nivellent plusieurs fois par mois, quand les marées sont suffisamment grandes, on a établi un barrage déversoir à la côte, correspondant à la chute de $2^m,50$, afin que, durant les grandes marées, plus hautes de 1 mètre quelquefois, l'eau ne séjourne pas dans les propriétés que la mer a envahies pendant la montée ; les clapets se refermant à la descente, le trop-plein passe par le déversoir.

Les clapets sont au nombre de 7 et ont une superficie de 9 mètres carrés environ.

En résumé, avec une installation de 2 moteurs accouplés comme ils le sont à ce moulin, et commandant une série de dynamos, avec débrayages à friction, et chargeant des accumulateurs, on utiliserait presque complètement les variations de chute, et il est certain que la durée de marche serait de 18 à 20 heures par jour, dont 14 à 16 en pleine force.

Les vannages pourraient être aussi commandés par un régulateur de vitesse qui réglerait les ouvertures au fur et à mesure de l'embrayage ou du débrayage des machines et de la variation de la chute.

Le prix d'une installation semblable à celle de M. Laurent à Pont-l'Abbé serait d'environ 25 000 francs pour les moteurs complets, leur accouplement par engrenages, arbres, paliers ; manchons, etc., etc., ainsi que les vannes de têtes et grilles. Quant aux frais de maçonnerie, ils dépendent de l'état des lieux, et il est impossible de les évaluer.

La *Revue de Physique et de Chimie et de leurs applications industrielles*, dans son numéro de janvier 1898, signale un autre exemple de moulin de ce genre réalisé à Ploumanach (Côtes-du-Nord) ; la chute est là de 4 à 5 mètres ; l'étang a $1^{ha},3$; l'énergie représentée par les 60 000 mètres cubes accumulés par marée, s'écoulant avec 4 mètres de chute comme moyenne, est de 1 500 à 2 000 chevaux-heure par jour.

Une autre force motrice naturelle, qui n'a présenté aucun exemple d'application en Allemagne pas plus que chez nous, c'est la puissance des vagues.

Il est cependant curieux de signaler la formation de la *Compagnie des forces de l'Océan de Los-Angelos*, à Potencia-Beach (Californie).

On a établi des jetées métalliques s'avançant d'une centaine de mètres dans la mer ; à l'extrémité de chacune d'elles on a disposé trois flotteurs qui montent et qui descendent suivant le mouvement des vagues. La surface de ces flotteurs en tôle est de 9^{m2} ; ils sont lestés avec du ciment.

Ces flotteurs n'agissant qu'à la descente sont reliés à la tige du piston d'une pompe qui comprime l'eau dans un réservoir clos contenant de l'eau pour amortir les variations. La pression est de 8 kg environ par c.q.; enfin, cette eau sous pression est envoyée sur une roue Pelton actionnant une dynamo génératrice.

La course du piston de la pompe est de 30 cm.; chaque flotteur fournit à peu près une puissance de 2 à 3 chevaux.

Ajoutons, pour terminer et pour excuser une semblable installation, que le charbon coûte très cher dans cette région (environ 500 francs la tonne).

Mais il ne sera pas toujours possible d'avoir avec avantage une force naturelle. Il faudra donc recourir aux forces artificielles. Elles sont de trois genres :
1° Le moteur à pétrole pour les petites puissances allant jusqu'à 10 ou 15 chevaux;

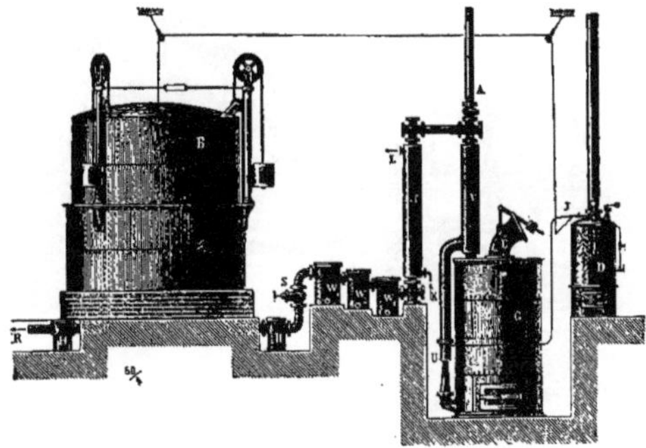

Fig. 8. — Schéma du gazogène *Körting* pour la fabrication du gaz pauvre.

2° Au delà, il faut employer la machine à vapeur demi-fixe, dont la dépense en charbon brut est en moyenne de 2 kilogrammes à $2^{kg},5$ par cheval-heure.

A partir de 22 poncelets, — 18 au minimum, — on doit avoir recours au moteur à gaz pauvre. On se trouve là en face d'un nouveau genre de moteurs, sur lesquels l'expérience commence à permettre de se former une opinion.

Opinion favorable. Ils présentent en effet de nombreux avantages, qui font croire que ce genre de machines est appelé à un grand avenir en agriculture et dans les industries agricoles, et qui sont :
1° Une dépense de charbon d'environ moitié moindre qu'avec la vapeur.

A l'usine électrique de Lausanne, avec une batterie de gazogènes Pierson et des moteurs à gaz Crossley, en marche normale de l'usine, on dépense 869 grammes de charbon par poncelet (1 kilowatt ou $1^{ch},1/3$), y compris les cendres et l'eau (1);

(1) Dans les nombreuses usines électriques que nous avons visitées, marchant par la vapeur, le chiffre le plus bas obtenu en pratique a été 1 700 gr. par kw. y compris l'eau et les

2° Une surveillance beaucoup moindre, car il suffit d'un seul homme pour une puissance allant jusqu'à 100 chevaux. En effet, le moteur à gaz demande bien peu de surveillance.

La mise en route avec le moteur à gaz pauvre est plus rapide que pour la machine à vapeur; malheureusement, le prix de l'installation est un peu supérieur.

Une maison allemande préconise l'emploi du gaz pauvre; c'est la maison Körting, de Körtingsdorf (Hanovre). Elle construit pour l'agriculture des gazogènes fournissant le gaz nécessaire à la production de l'électricité.

L'installation se compose en principe : d'une petite chaudière D (fig. 8) fournissant la vapeur nécessaire au gazogène G, puis de ce gazogène G; et

Fig. 9. — Moteur à gaz pauvre tandem, actionnant directement une dynamo.

enfin, d'un système laveur W_1, W_2, W_3, pour épurer le gaz, et d'un gazomètre B.

La vapeur sous pression, fournie par D, arrive en U, pénètre dans G, traverse la masse de charbon incandescent (charbon chargé par E). Le gaz H + CO passe à travers v et c, A étant une cheminée servant pendant les arrêts à ne pas laisser éteindre le feu. c est un condenseur à goudrons, etc. De l'air froid pénétrant par K et s'échappant par L traverse un corps tubulaire et condense au passage tous les produits peu volatils. Lorsque le gazomètre est plein, à l'aide d'un cordeau passant à la partie supérieure sur deux poulies, on agit automatiquement sur le robinet de vapeur J de la chaudière D. Enfin, r est le tuyau de prise de gaz du moteur.

La même maison Körting a réalisé un ensemble électrogène formé d'un moteur à gaz pauvre à 2 cylindres tandems et d'une dynamo accouplé directement.

cendres; au Havre, l'usine de tramways consomme 2 100 grammes et à Marseille 3 000 gr. au secteur des Champs-Élysées, 2 500 grammes.

Lorsqu'on n'a besoin que de la force mécanique, on place une courroie sur la poulie placée à l'opposé de la dynamo et on laisse tourner librement celle-ci, en circuit ouvert.

Enfin, pour terminer, notons, de la bouche même de ceux qui emploient journellement le gaz pauvre, que, contrairement à ce qu'ont dit certaines personnes le moteur à gaz pauvre permet, tout aussi facilement que la vapeur, une marche intermittente ; il y a en effet, comme on vient de le voir, un gazomètre

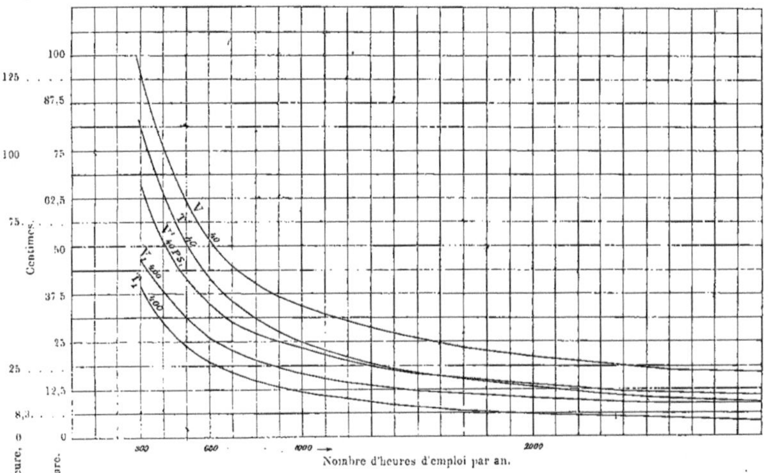

Fig. 10. — Prix du Poncelet-heure et du Cheval-heure, rendus au lieu d'utilisation.

qui sert à amortir les différences entre la production et la consommation.

Il serait encore utile de signaler ici le gazogène Riché, d'invention française, qui produit un gaz riche en employant comme combustible la sciure de bois, les copeaux et les déchets de bois. Le gaz obtenu a un pouvoir calorifique de 3 028 calories.

En comptant les déchets de bois à 15 fr. les 1 000 kg. et le charbon de bois résiduaire revendu à 5 fr. les 100 kg., le Poncelet revient sensiblement à 0 fr. 015.

Cet appareil a surtout un grand avantage dans le cas où l'installation agricole comporte une scierie, ce qui est, en général, une raison pour augmenter dans une notable mesure les bénéfices, car on utilise ainsi la force motrice disponible pendant les périodes d'arrêt ou de ralentissement dans le travail.

Nous devons nous borner à ces quelques données pour ne pas sortir de la question.

Pour en finir avec ce problème de la production de l'électricité en agricul-

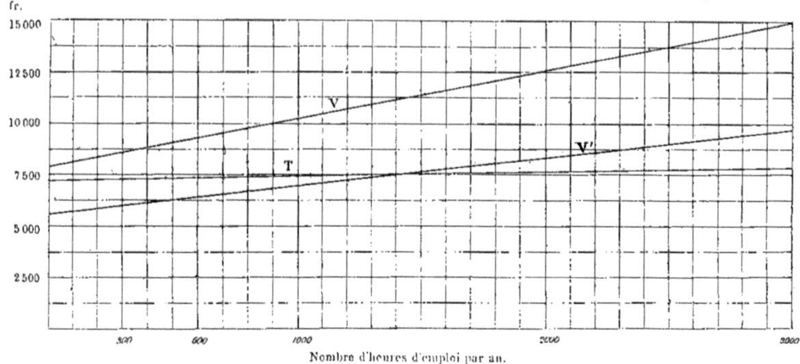

Fig. 11. — Coût annuel de l'énergie électrique fournie par une usine génératrice.

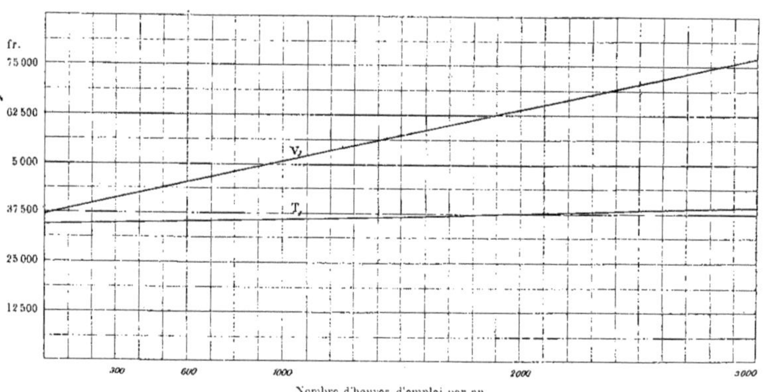

Fig. 12. — Coût annuel de l'énergie électrique absorbée par une exploitation électrique..

ture, je tiens à mettre sous vos yeux trois graphiques (fig. 10 à 12) contenant cinq courbes :

La 1re, V se rapportant à une installation qui comporte un moteur à vapeur de 30 poncelets;

La 2ᵉ, T, à un moteur hydraulique de 30 poncelets;

La 3ᵉ, V', à un moteur à vapeur de 30 poncelets, mais ce moteur existant au préalable (distillerie, sucrerie, etc.);

La 4ᵉ, V₁, un moteur à vapeur de 300 poncelets;

La 5ᵉ, T₁ un moteur hydraulique de 300 poncelets;

Le premier graphique est (fig. 10) relatif au prix du poncelet-heure : en ordonnées, nous avons le prix en centimes, et en abscisses le nombre d'heures d'emploi par an.

On peut remarquer, qu'à partir de 1500 heures environ d'emploi par an, le moteur à vapeur de 30 poncelets, existant préalablement, revient plus cher que le moteur hydraulique de même puissance installé spécialement.

Le 2ᵉ graphique se rapporte au coût annuel de l'énergie électrique fournie par une usine centrale;

Le 3ᵉ graphique se rapporte au coût annuel de l'énergie électrique absorbée par une exploitation électrique.

Voici les conditions dans lesquelles sont établies ces courbes, qui permettent d'établir approximativement les conditions économiques d'un établissement quelconque (1).

Courbe V. — 1° Coût de l'énergie électrique d'une usine centrale actionnée par une machine à vapeur

Puissance de la machine. . . . .   30 Poncelets.

Longueur de la canalisation électrique. . . .   6 kilomètres.

I. *Frais annuels.*

1° Intérêts, amortissement et réparations de la station primaire..	3 601,25
2° Intérêts, amortissement et réparations de 6 kilomètres de canalisation à haute tension (336 fr. par kilomètre).	2 017,50
3° Un machiniste.	2 225 »
Total.	7 843,75

Cette puissance est utilisable avec un rendement d'exploitation de 75 p. 100 (compté à partir de l'arbre de la machine à vapeur jusqu'aux embrayages à friction du moteur); cela fait donc 22^{Pts},5 aux lieux de consommation.

Le prix pour le Poncelet-heure, résultant du total de 7 843 fr. 75 des frais annuels pour l'usine génératrice, se monte alors,

Poncelets.				Fr.
Pour 22,5 pendant	300	heures à.		1,162
— 22,5 —	600	-		0,581
. - 22,5 - .	1 000	..		0,348
— 22,5 ---	2 000	.-		0,174
— 22,5 - .	3 000	—		0,118

(1) Ce sont des devis approximatifs qui peuvent permettre d'établir les conditions économiques d'un établissement quelconque.

II. *Frais horaires.*

La dépense d'huile et le nettoyage, 834 millimes par Poncelet-heure. Une installation à vapeur a, en marche normale, une dépense de charbon de $1^{kg},75$ par Poncelet-heure. Pour le chauffage, et en marche irrégulière, il y aura une augmentation de 30 p. 100. Le prix du charbon est estimé 26 fr. 20 les 1 000 kilogrammes (rendu sur les lieux).

Il peut se faire que, pendant l'exploitation, il faille, en plus, un aide.

$$\text{Consommation de charbon } \frac{30 \times 1.75 \times 2,6 \times 1,3}{100} \dots \quad \begin{array}{c} \text{Fr.} \\ 1,76 \end{array}$$

Dépense d'huile $30 \times 0,^{cm}834$. 0,25
Aide. 0,375
Total. 2,385

Évaluation des frais dans une station primaire actionnée par une machine à vapeur; puissance motrice, 30 Poncelets.

NOMBRE de PIÈCES.	INDICATIONS DÉTAILLÉES DES OBJETS.	PRIX.	P. 100.				TOTAL ANNUEL.
			POUR intérêts.	POUR amortissement.	POUR réparations.	TOTAL.	
		fr.					fr.
1	Locomobile Compound fixe, à condensation, fournissant 30 Poncelets effectifs, reposant sur des pieds	20 250 »	4	5	1	10	2 025 »
1	Courroie de 300 millimètres de large et 12 mètres de long . .	312,50	4	10	2	16	50 »
1	Dynamo à champ tournant produisant, sous 3 000 volts, 28 kw, 5; excitation indépendante, avec excitatrice et accessoires . . .	7 250 »	4	5	1	10	725 »
1	Tableau de distribution avec appareils.	500 »	4	5	3	12	60 »
»	Conducteurs dans la station primaire.	312,50	4	5	5	14	43,75
»	Montage.	1 250 »	4	5	»	9	112,50
»	Fondations de la locomobile et de la dynamo.	562,50	4	5	1	10	56,25
»	Bâtiments pour la station primaire, 90 mètr. carrés à 56 fr. 25.	4 500 »	4	3	1	8	360 »
1	Cheminée pour la locomobile . .	375 »	4	5	1	10	37,50
»	Machines-outils et outils de réparations.	937,50	4	10	»	14	131,25
	Total	36 250 »	»	»	»	»	3 601,25

Comme il y a 22^{Pts},5 de disponibles, ces frais horaires par Poncelet-heure se montent donc à $\dfrac{2,385}{22,5} = 0$ fr. 10.

III. *Total des frais.*

Faisons le total des frais annuels et horaires. On a :

Nombre d'heures d'emploi par an.	Frais totaux par an (fig. 11).	PRIX DE REVIENT DU PONCELET-HEURE rendu sur les lieux d'utilisation. (fig. 10).
	fr.	fr.
300	8 564,5	**1,268**
600	9 280	**0,687**
1 000	10 234	**0,454**
2 000	12 619	**0,28**
3 000	15 004	**0,222**

Courbe T. — 2° Coût de l'énergie électrique d'une centrale actionnée par une turbine hydraulique

Puissance de la turbine.	30 Poncelets.
Longueur de la canalisation électrique.	6 kilomètres.

I. *Frais annuels.*

	Fr.
1° Intérêts, amortissement et réparations de la station primaire. .	2 984,25
2° Intérêts, amortissement et réparation de 6 kilomètres de canalisation à haute tension (336 fr. par kilomètre).	2 017,50
3° Un machiniste.	2 250
Total.	7 251,75

Rendement d'exploitation de 75 p. 100 ;
22^{Pts},5, aux lieux de consommation.
Prix pour le Poncelet-heure :

Poncelets.			Fr.
Pour 22,5 pendant 300 heures.			1,074
— 22,5 — 600 —			0,537
— 22,5 — 1 000 —			0,332
— 22,5 — 2 000 —			0,161
— 22,5 — 3 000 —			1,107

II. *Frais horaires.*

La dépense d'huile et le nettoyage coûtent 0 fr. 0066 par Poncelet-heure.

Cela fait dans une heure 30×0 fr. $0066 = 0$ fr. 20.

Comme il y a 22^{Pts},5 de disponibles, ces frais horaires par Poncelet-heure se montent à $\dfrac{0,20}{22,0} = 0$ fr. 0088.

III. *Total des frais.* Faisons le total des frais annuels et horaires; on a :

Nombre d'heures d'emploi par an.	Frais totaux par an (fig. 11). fr.	PRIX DE REVIENT DU PONCELET-HEURE rendu sur les lieux d'utilisation. (fig. 10). fr.
300	7 311,75	**1,082**
600	7 371,75	**0,545**
1 000	7 451,75	**0,330**
2 000	7 651,75	**0,169**
3 000	7 851,75	**0,115**

Évaluation des frais dans une station primaire actionnée par une turbine hydraulique. — Puissance, 30 Poncelets.

NOMBRE de PIÈCES.	INDICATIONS DÉTAILLÉES DES OBJETS.	PRIX. fr.	P. 100 POUR intérêts.	POUR amortissement.	POUR réparations.	TOTAL.	TOTAL ANNUEL. fr.
»	La puissance hydraulique est déjà captée (pour un moulin par exemple).	»	»	»	»	»	»
1	Turbine pour un débit de 2 mètres cubes par seconde sous 2 mètres de chute, avec engrenages et régulateurs pour absorber les fortes oscillations de l'exploitation.	11 250 »	4	5	1	10	1 125 »
1	Courroie de 300 millimètres de large et 12 mètres de long.	312,50	4	10	2	16	50 »
1	Dynamo à champ tournant produisant $28^{kw},5$ sous 3 000 volts; (excitation séparée); une excitatrice et accessoires.	7 250 »	4	5	1	10	725 »
1	Tableau de distribution avec appareils, etc.	500 »	4	5	3	12	60 »
»	Canalisations dans la station primaire.	312,50	4	5	5	14	43,75
1	Montage.	1 250 »	4	5	»	9	112,50
»	Fondations pour la turbine et le canal de fuite.	4 375 »	4	5	1	10	437,50
	Fondations pour la dynamo.	175 »	4	5	1	10	17,50
	Bâtiment pour la station primaire de 90 mètres carrés à 56 fr. 25.	4 500 »	4	2	1	7	315 »
	Outils de réparation et machines outils.	700	4	10	»	14	98
	TOTAL.	29 375 »	»	»	»	»	2 984,25

Courbe V'. — 3° Coût de l'énergie électrique d'une centrale actionnée par une machine a vapeur préexistante

Puissance de la machine. . . . .   30 Poncelets.
Longueur de la canalisation électrique.. . . . .   6 kilomètres.

I. *Frais annuels.*

	Fr.
1° Intérêts, amortissement et réparations de la station primaire. .	1 218
2° Intérêts, amortissement et réparations de 6 kilomètres de conduite à haute tension (336 fr. par kilomètre).	2 017,50
3° Un machiniste.	2 250
TOTAL..	5 485,50

Rendement d'exploitation : 75 p. 100 ;

22^{Pts},5 aux lieux de consommation.

Prix pour le Poncelet-heure résultant du total de 5 485 fr. 50 des frais annuels pour l'usine génératrice :

Poncelets.				Fr.
Pour 22,5 pendant	300 heures..			0,812
— 22,5 —	600	—		0,406
— 22,5 —	1 000	—		0,243
— 22,5 —	2 000	—		0,122
— 22,5 —	3 000	—		0,081

II. *Frais horaires.*

Dépense d'huile et nettoyage 0 fr, 005 par Poncelet-heure. L'installation à vapeur a, en marche normale, une dépense de charbon de 1^{kg},6 par Poncelet-heure (1).

Pour la marche irrégulière, il sera fait une augmentation de 15 p. 100. Le charbon est compté à raison de 22 fr. 50 les 1 000 kilogrammes.

$$\text{Consommation de charbon : } \frac{30 \times 1,6 \times 1,15 \times 2,25}{100} \quad\quad 1,242$$

$$\text{Dépense d'huile : } 30 \times 0^f{,}005 \quad\quad\quad\quad 0,15$$

$$\text{TOTAL.} \quad\quad\quad\quad 1,392$$

Comme il y a 22^{Pts},5 de disponibles, ces frais horaires par Poncelet-heure se

montent à : $\dfrac{1,392}{22,5} = 0$ fr.061.

III. *Total des frais.*

Nombre d'heures d'emploi par an.	Frais totaux par an (fig. 11). fr.	PRIX DE REVIENT DU PONCELET-HEURE rendu sur les lieux d'utilisation. (fig. 10). fr.
300	5 903,10	**0,873**
600	6 320,70	**0,467**
1 000	6 877,50	**0,304**
2 000	8 269,50	**0,183**
3 000	9 661,50	**0,142**

(1) C'est un minimum.

Évaluation des frais dans une station primaire actionnée par une machine à vapeur préexistante. Puissance, 30 Poncelets.

NOMBRE de PIÈCES.	INDICATIONS DÉTAILLÉES DES OBJETS.	PRIX.	P. 100.				TOTAL ANNUEL.
			POUR intérêts.	POUR amortissement.	POUR réparations.	TOTAL.	
		fr.					fr.
»	Transmission pour l'entraînement de la machine dynamo, avec embrayages, etc........	1 250	4	5	1	10	125
1	Courroie de 500 millimètres de large et 12 mètres de long...	625	4	10	2	16	100
1	Courroie de 300 millimètres de large et 12 mètres de long...	312,50	4	10	2	16	50
1	Dynamo à champ tournant produisant $28^{kws}{,}5$ sous 3 000 volts et à excitation indépendante, avec excitatrice et accessoires.	7250	4	5	1	10	725
1	Tableau de distribution avec appareils de mesure, etc.....	500	4	5	3	12	60
»	Conducteurs électriques dans la station primaire........	312,50	4	5	5	14	43,75
»	Montage............	375		5	»	9	33,75
»	Fondations pour la dynamo...	175	4	5	1	10	17,50
»	Outils de réparation et machines-outils..............	450	4	10	»	14	63
	Total.........	11 250	»	»	»	»	1 218

Courbe V₁. — 4° Coût de l'énergie électrique d'une centrale actionnée par une machine a vapeur

Puissance de la machine.......... 300 Poncelets.
Longueur de la canalisation électrique.... 20 kilomètres.

I. *Frais annuels.*

      Fr.
1° Intérêts, amortissement et réparations de la station primaire... 19 068,75
2° Intérêts, amortissement et réparations de 20 kilomètres de canalisation à haute tension (336 fr. pour 1 kilomètre)....... 6 725
3° Un mécanicien.......................... 3 750
4° Un machiniste.......................... 2 250
5° Un chauffeur.......................... 1 500
6° Un aide.......................... 1 250
7° Frais d'administration (Société).............. 2 500

      Total............ 37 043,75

**Évaluation des frais dans une centrale électrique mue par une machine à vapeur.
Puissance motrice 300 Poncelets.**

NOMBRE de PIÈCES.	INDICATIONS DÉTAILLÉES DES OBJETS.	PRIX.	P. 100.				TOTAL ANNUEL.
			POUR intérêts.	POUR amortissement.	POUR réparations.	TOTAL.	
		fr.					fr.
2	Chaudières tubulaires, de 130 mèt. carrés de surface de chauffe, à raison de 87 fr. 50 le mètre carré	22750	4	5	1	10	2275 »
2	Machines à vapeur accouplées, à condensation, pour accouplement direct de la dynamo, 150 poncelets à 200 tours par minute; 166 fr. 66 par Poncelet (125 francs par cheval-vapeur)	50000	4	5	1	10	5000 »
2	Dynamos à champ tournant, accouplables directement, produisant 248 kilowats sous 4000 volts tournant à 200 tours (excitation indépendante); une excitatrice.	60000	4	5	1	10	6000 »
1	Tableau de distribution avec appareils.	2500	4	5	3	12	300 »
»	Canalisations dans la station primaire	1000	4	5	5	14	165 »
»	Conduites de vapeur et alimentation des chaudières. . .	15000	4	5	3	12	1800 »
1	Grue mobile	7500	4	5	1	10	750 »
»	Machines-outils	1500	4	10	»	14	210 »
»	Maçonneries de la chaudière. . .	3000	4	5	1	10	300 »
»	Fondations de la dynamo. . . .	1125	4	5	1	10	112,50
»	Montage.	5000	4	5	»	9	450 »
1	Bâtiment avec habitation, 300 mètres carrés à 56 fr. 25.	16875	4	2	1	7	1181,25
1	Cheminée	5000	4	2	1	7	350 »
1	Réservoir	2500	4	2	1	7	175 »
	TOTAL	193750	»	»	»	»	19068,75

Rendement d'exploitation de 75 p. 100.
225 Poncelets aux lieux de consommation.

Prix pour le Poncelet-heure, résultant du total de 37 043 fr. 75 des frais annuels pour l'usine génératrice.

				Fr.
Pour 225 Poncelets pendant	300 heures	. . . .	0,548
— 225	—	600	—	0,274
— 225	—	1 000	—	0,164
— 225	—	2 000	—	0,082
— 225	—	3 000	—	0,054

II. *Frais horaires.*

La machine à vapeur a, en marche normale, une dépense de charbon de 1^{kg},33 par Poncelet-heure (faisons remarquer ici, en passant, qu'on a pris dans ces calculs une dépense de charbon plutôt trop faible, ce qui est encore un avantage pour ces calculs d'exploitation à vapeur).

Pour le chauffage de la marche irrégulière, il faut compter une augmentation de 20 p. 100, le charbon étant estimé à 22 fr. 50 les 1 000 kilogrammes.

La dépense d'huile et de nettoyage est de 0^{fr},00834 par Poncelet-heure.

Les frais horaires s'élèvent ainsi par heure :

$$
\begin{array}{lr}
& \text{Fr.} \\
\text{Consommation de charbon : } \dfrac{300 \times 1,33 \times 1,2 \times 2,25}{100} . & 10,773 \\[2mm]
\text{Dépense d'huiles } 300 \times 0,834 \ldots\ldots\ldots\ldots & 2,50 \\[2mm]
\text{Total}\ldots\ldots\ldots\ldots\ldots & 13,273
\end{array}
$$

Comme il y a 225 Poncelets disponibles, ces frais horaires par Poncelet-heure se montent donc à : $\dfrac{13,173}{225} = 0$ fr.058.

III. *Total des frais.*

Nombre d'heures d'emploi par an.	Frais totaux par an (fig. 12.) fr.	PRIX DE REVIENT DU PONCELET-HEURE rendu sur les lieux d'utilisation. (fig. 10.) fr.
300	41 025,65	**0,606**
600	45 007,55	**0,332**
1 000	50 316,75	**0,222**
2 000	63 589,75	**0,140**
3 000	76 862,75	**0,112**

Courbe T₁. — 5° COUT DE L'ÉNERGIE ÉLECTRIQUE D'UNE CENTRALE ACTIONNÉE PAR UNE TURBINE HYDRAULIQUE

Puissance de la turbine.	300 Poncelets.
Longueur de la canalisation électrique.	20 kilomètres.

Évaluation des frais dans une station primaire actionnée par une turbine hydraulique. Puissance motrice, 300 Poncelets.

NOMBRE de PIÈCES.	INDICATIONS DÉTAILLÉES DES OBJETS.	PRIX.	P. 100.				TOTAL ANNUEL.
			POUR intérêts.	POUR amortissement.	POUR réparations.	TOTAL.	
		fr.					fr.
»	Bâtisses pour capter la puissance hydraulique (cette dépense varie considérablement suivant le lieu, la hauteur de chute, etc.).	75 000	4	1	1	6	4 500
2	Turbines consommant 5 mètres cubes par seconde, avec 8 mèt. de chute ; engrenages et régulateur	50 000	4	5	1	10	5 000
2	Dynamos à champ tournant produisant 248 kilowats sous 4 000 volts, tournant à 375 tours (excitation indépendante), accouplables directement sur l'engrenage d'angle de la turbine ; y compris une excitatrice et les accessoires.	50 000	4	5	1	10	5 000
1	Tableau de distribution avec appareils de mesure, etc.. . . .	2 500	4	5	3	12	300
»	Canalisation dans la station primaire.	1 000	4	5	5	14	140
1	Grue mobile.	7 500	4	5	1	10	750
»	Appareils de réparation et machines-outils.	8 500	4	10	»	14	106,50
»	Fondations pour la turbine.. . .	9 375	4	5	1	10	937,50
»	— — dynamo. . .	525	4	5	1	10	52,50
»	Montage.	3 750	4	5	»	9	337,50
»	Bâtiments pour la station primaire, y compris l'habitation, 200 mètres carrés à 56 fr. 25. .	11 250	4	2	1	7	787,50
	Total..	211 750	»	»	»	»	17 911,50

I. *Frais annuels.*

	Fr.
1° Intérêts, amortissement, réparations de la station primaire. .	17 911,50
2° Intérêts, amortissement, réparations de la station primaire. .	6 725
3° Un mécanicien..	3 750
4° Un machiniste..	2 250
5° Un aide..	1 250
6° Frais d'administration (Société)..	2 500
Total..	34 386,50

Rendement d'exploitation de 75 p. 100.

225 Poncelets aux lieux de consommation.

Prix pour le Poncelet-heure, résultant du total de 34 386 fr. 50 des frais annuels pour l'usine génératrice :

			Fr.
Pour 225 Poncelets pendant	300 heures		0,509
— 225	—	600 —	0,204
— 225	—	1 000 —	0,152
— 225 .	—	2 000 —	0,076
— 225	—	3 000 —	0,050

II. *Frais horaires.*

La dépense d'huile et de nettoyage est estimée à 0 fr. 005 par Poncelet-heure.

Pour une heure, on aura : 300 + 0 fr. 005 = 1 fr. 50.

Comme il y a 225 Poncelets disponibles, ces frais horaires par Poncelet-heure se montent à $\dfrac{1\ \text{fr. }50}{225} = 0\ \text{fr. }006$.

III. *Total des frais.*

Nombre d'heures d'emploi par an.	Frais totaux par an (fig. 12).	PRIX DE REVIENT DU PONCELET-HEURE rendu sur les lieux d'utilisation. (fig. 10).
	fr.	fr.
300	18 361,50	**0,515**
600	18 811,50	**0,210**
1 000	19 411,50	**0,158**
2 000	20 911,50	**0,082**
3 000	22 411,50	**0,056**

TRANSPORT DE L'ÉNERGIE ÉLECTRIQUE

Nous arrivons maintenant à la question du *transport de l'électricité*. C'est une des plus graves, parce que, si les capitaux y sont en jeu, il en est de même pour la vie des individus.

Il s'agit de savoir quel genre de courant on emploiera et à quelle tension?

Le courant continu n'est employé, en général, que jusqu'à 500 volts, on ne peut donc guère dépasser une distance de plus de 2 à 3 kilomètres pour ne pas avoir une trop grande immobilisation de capital dans l'achat des câbles.

Pour aller plus loin, il faut de suite s'adresser aux courants alternatifs et, en particulier, au courant triphasé (1). Avec ceux-là, on peut aller facilement à des tensions considérables et, par suite, à des distances très grandes avec des conducteurs de faible diamètre. Avec 5 000 volts, on peut, sans grande perte d'énergie, rayonner sur une longueur de 15 à 20 kilomètres.

Malheureusement, si l'on réalise une économie dans la dépense de cuivre, il y

(1) L'avantage de ce genre de courants alternatifs est de permettre d'employer des moteurs démarrant sous charge, tout comme les moteurs à courant continu.

a des inconvénients : d'abord, l'isolement devient un peu plus coûteux, et surtout des précautions spéciales sont absolument nécessaires au point de vue de la vie des individus.

On ne peut pas dire, en général, à partir de quelle valeur la tension a un effet dangereux sur l'organisme, puisque cet effet dépend de la façon dont a eu lieu le contact et de la constitution de l'individu (1).

En outre, il se produit souvent des phénomènes secondaires, tels que des battements de cœur, provoqués le plus souvent par la peur ; mais il a été remarqué que, à tension égale, le courant alternatif a plutôt plus d'action que le courant continu ; pour ce dernier, 500 volts n'offrent pas grand danger ; mais une tension de 1 000 volts en courant alternatif est reconnue comme amenant le plus souvent la mort.

Il faut aussi remarquer que les chevaux sont plus susceptibles aux décharges électriques que les hommes ; il y a eu des cas de mort de chevaux avec du courant à 500 volts.

On devra donc, toutes les fois que l'on emploiera les courants alternatifs, prendre certaines précautions : des écriteaux prévenant du danger, des filets de ronce pour empêcher l'approche des poteaux, des filets suspendus en dessous des fils dans la traversée des routes.

Enfin, à l'approche des appareils d'utilisation, il sera nécessaire de mettre des transformateurs pour amener la tension à une valeur inoffensive.

Mais tous les genres de courants alternatifs ne sont pas également avantageux, comme on a pu le voir plus haut ; les courants alternatifs polyphasés sont préférables et en particulier le triphasé, et cela à cause de la régularité des moteurs utilisant ce genre de courant et parce qu'il suffit de 3 fils pour son transport.

Ces moteurs, du type dit à *cage d'écureuil*, ne possèdent ni balais ni collecteurs ; ils sont exempts de tous les ennuis que le réglage et l'usure des balais et des lames de collecteur, la production d'étincelles, etc., peuvent occasionner. La surveillance qu'ils exigent est réduite au minimum. De plus, ils peuvent être construits, à peu de chose près, avec le même rendement que les moteurs à courant continu et peuvent posséder un couple de démarrage aussi puissant qu'on le désire.

En consentant à une légère perte de rendement, on peut les réaliser jusqu'à 25 chevaux de façon à démarrer sous pleine charge sans rhéostat, le courant de démarrage ne dépassant pas trois fois celui du régime. Pour les moteurs plus puissants, il est préférable d'employer les rhéostats liquides ou métalliques, intercalés de préférence dans l'induit afin d'éviter un trop brusque appel de courant sur les génératrices. En effet, avec l'emploi du rhéostat, le courant de démarrage n'a pas besoin de dépasser celui du régime.

(1) Pour le courant continu, c'est en moyenne à partir de 600 volts, et pour les courants alternatifs au-dessus de 125 volts.

Voilà, en quelques mots, les particularités de ces moteurs; c'est ce qui explique pourquoi les constructeurs allemands les ont employés de préférence à tous les autres. Pour les lignes de transport de force, les conducteurs sont généralement en cuivre; la distance des poteaux est alors en général de 30 à 40 mètres; pour réduire les frais d'établissement, on emploie quelquefois les conducteurs en bronze siliceux, dont certainement la résistance électrique est plus grande, mais dont la résistance mécanique est supérieure, ce qui permet d'éloigner les poteaux de 60 à 70 mètres.

Enfin il sera prudent, lorsqu'on aura une usine produisant des courants alternatifs, d'avoir à son service un spécialiste; cela n'entraînera qu'une dépense relativement faible, puisque ce genre de courant ne doit être employé que dans les grandes installations.

Évaluation approximative des frais de kilomètre de ligne à haute tension formée de trois conducteurs de 16 millimètres carrés de section.

NOMBRE des PIÈCES.	INDICATIONS DÉTAILLÉES DES OBJETS.	PRIX.	P. 100.				TOTAL ANNUEL.
			POUR intérêts.	POUR amortissement.	POUR réparations.	TOTAL.	
		fr.					fr.
»	3 200 mètres de conducteur de bronze de 16 millimètres carrés de section.	1 000 »	4	5	5	14	140 »
25	Mâts environ 9 mètres de long. 16 centimèt. de diam. à la cime.	250 »	4	7	3	14	35 »
75	Isolateurs à haute tension.	281,25	4	3	»	9	25,31
»	1 000 mètres de filets protecteurs.	375 »	4	5	5	14	52,50
»	Pose des mâts y compris les moellons.	312,50	4	5	»	9	28,125
»	Montage des canalisations.	125	4	5	»	9	11,25
»	Montage des filets protecteurs.	156,25	4	5	»	9	14,06
4	Boîtes de raccordement.	250 »	4	5	3	12	30 »
	Total.	2 750 »	»	»	»	»	336,25

UTILISATION DE L'ÉNERGIE ÉLECTRIQUE

Le transport de l'énergie étant effectué, il reste à étudier l'*utilisation;* c'est la partie délicate de la question, tout au moins pour certains travaux.

A première vue, il se présente deux manières d'utiliser l'énergie électrique :

1° Comme force mécanique;

2° Pour l'éclairage.

C'est l'emploi comme force mécanique qui offre le plus grand intérêt. On n'est certainement pas encore parvenu à appliquer l'électricité à tous les travaux agricoles, mais cela ne peut tarder.

Nous allons d'abord voir quels sont les travaux qu'il faut exécuter et ensuite nous étudierons et discuterons les appareils réalisés dans chaque groupe.

I. — TRAVAUX EXTÉRIEURS A LA FERME

A. *Travaux du sol.*

1° Défoncer;	3° Herser;	5° Retirer l'eau;
2° Labourer;	4° Passer au rouleau;	6° Arroser.

B. *Culture des champs.*

1° Semer;	3° Moissonner;
2° Sarcler (arracher de mauvaises herbes);	4° Faner.

5° Arracher les pommes de terre et les betteraves.

II. — TRANSPORT DES MATIÈRES.

1° Charrier (fumier, grains, racines); 2° Élever en meule; 3° Mettre en grange.

III. — TRAVAUX INTÉRIEURS A LA FERME

A. *Traitement des récoltes.*

1° Battre; 2° Nettoyer le grain; 3° Presser la paille et le foin.

B. *Préparation de la nourriture pour l'élevage.*

1° Moudre le grain;	3° Hacher la paille;
2° Broyer ou concasser;	4° Hacher le fourrage;

5° Pomper de l'eau.

Enfin, dans certaines circonstances, les industries auxiliaires peuvent consommer une quantité assez considérable de travail; cela permet d'obtenir un meilleur rendement dans l'utilisation de l'usine électrique. Voici ces industries :

Meunerie,	Distillerie,	Sucrerie,	Charronnerie,	Serrurerie,
Scierie,	Brasserie,	Briqueterie,	Menuiserie,	Maréchalerie.

Mais, en général, on ne peut pas trop compter dessus, puisqu'elles n'existent pas fréquemment, concurremment avec l'exploitation agricole, à tort il est vrai.

Quand on examine cette liste de travaux agricoles, on remarque que ce sont les premiers qui demandent les plus grandes dépenses d'énergie, surtout le défoncement et le labourage. Ces deux espèces de travaux se font de la même façon et avec les mêmes appareils, si ce n'est qu'au lieu d'employer une charrue polysoc, pour défoncer on se sert d'une charrue à un soc, allant jusqu'à $0^m,70$, $0^m,80$ et même 1 mètre de profondeur.

Pour ces travaux de labourage, dans lesquels l'effort résistant varie à chaque instant, le genre de dynamos qui convient le mieux est le type excité en série comme génératrice et comme moteur : le couple moteur se proportionnant constamment au couple résistant.

Ces travaux de labourage et de défoncement s'exécutent de plusieurs façons, que nous allons tâcher de classer.

Fig. 12 *bis*. — Dispositif à loueur de *Zimmermann* (primitif).

A. — SYSTÈME PAR SIMPLE TRACTION.

La charrue est attelée derrière une locomobile électrique très légère, circulant sur le champ (1).

Ce système n'a pas été réalisé en Allemagne, mais un exemple d'appareil

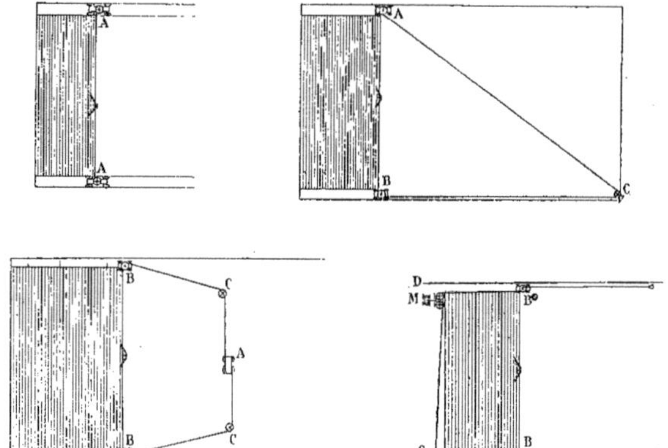

Fig. 13. — Dispositifs à treuils.

1° A gauche en haut : Système à deux treuils (A, A) ; 2° 3 systèmes à un seul treuil à double effet. A, le treuil ; B, chariot mobile portant une poulie de retour ; C, poulie fixe ; M D, treuil.

de ce genre vient d'être construit et employé dans l'Aude, il est du à l'ingéniosité de M. P. Tailhades. Cet appareil porte le nom de *laboureuse électrique;* elle

(1) Voir dans le Bulletin de mai 1897 un appareil américain de ce genre.

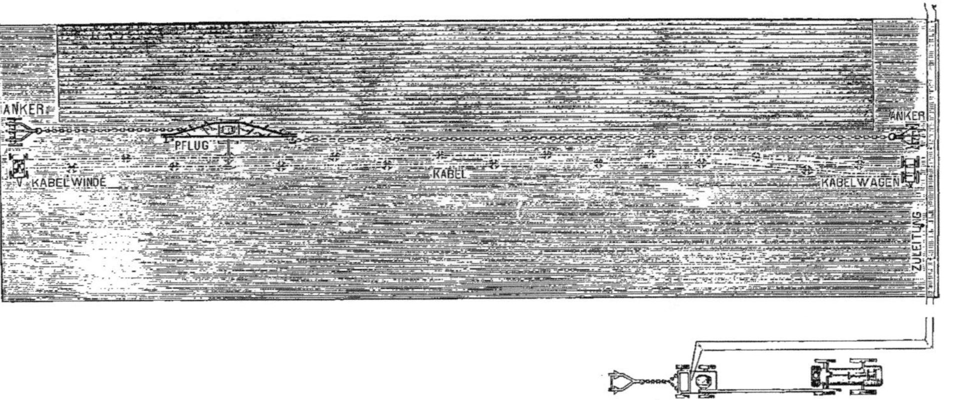

Fig. 14. — Dessin schématique du système de labourage électrique *Zimmermann* modèle actuel (*système à loueur*).

Kabelwangen, wagon à câbles (servant au transport des câbles métalliques conducteurs). — *Kabelwinde*, wagon à tambour, servant à tendre les câbles conducteurs *Pflug*, charrue.

est constituée par une machine motrice déposant derrière elle le câble isolé

Fig. 14 *bis*. — Treuil et charrue Félix Prat, à Enguibaud (Tarn).

qui lui fournit d'une façon constante l'énergie électrique nécessaire à sa marche ; cette machine traîne une laboureuse.

B. — SYSTÈME A TOUEUR (fig. 12 *bis*).

Le principe est le même que celui des bateaux circulant sur les canaux et les rivières.

Une chaîne est fixée aux extrémités du sillon, et la charrue, à l'aide d'une roue à noix, se déplace en faisant traction sur la chaîne; en un mot, la charrue est automotrice; elle reçoit le courant par un câble.

C. — SYSTÈME A TREUIL (fig. 13).

C'est celui qui est le plus répandu.

I. *Système à simple effet.* — Il n'y a qu'un treuil; la charrue fonctionne dans un sens, celui où elle va vers le treuil, et s'en éloigne à vide, c'est-à-dire sans produire de travail. Ce système, réalisé en France chez M. Félix Prat (fig. 14 *bis*), à Enguibaud (Tarn) (1), n'a pas eu d'exemple en Allemagne.

II. *Système à double effet.* — La charrue fonctionne à l'aller et au retour.

a. Un seul treuil. — Il y a alors un câble de retour comme dans le cas à simple effet.

b. Deux treuils. — Chaque treuil alternativement agit sur le câble.

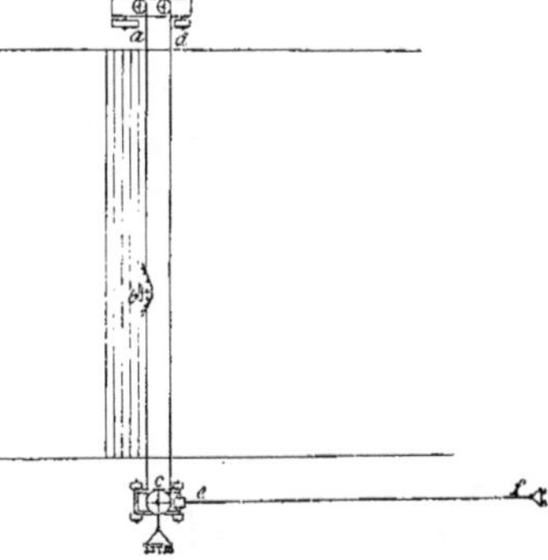

Fig. 13. — Figure schématique du dispositif *Brutschke*.

Le *système à toueur* a été réalisé par M. Zimmermann, de Halle-sur-Saale; nous avons décrit ces appareils l'année dernière, nous n'y reviendrons donc pas.

Voici un dessin schématique qui en montrera simplement la disposition (fig. 14).

Ces appareils ont de grands inconvénients; comme nous l'avons déjà dit souvent, ils nécessitent l'immobilisation d'un capital assez important, puisque chaque appareil de travail a besoin d'un matériel électrique particulier avec ses appareils de réglage et de mesure (2). Et la charrue atteint rapidement un poids

(1) Voir le *Bulletin* de mai 1897.

(2) Cet inconvénient sera mis en évidence dans les tableaux de comparaison qui terminent l'étude du labourage.

considérable par suite de la présence de tout le matériel électrique qu'elle transporte. Cela occasionne une grande dépense d'énergie et a beaucoup d'importance dans notre pays où les terres sont plus compactes qu'en Allemagne, en général.

Nous arrivons donc au *système à treuil* et, en premier lieu, nous trouvons le dispositif à un treuil.

Fig. 16. — Ancre *Brutschke* enfoncée dans le sol (position du travail).
C câble *cf* de la fig. 15.

L'avantage de tout système ne comportant qu'un treuil consiste dans la réduction des frais d'achat; mais, s'il n'y a qu'un treuil, il faut avoir une poulie pour le câble de retour (fig. 15), et la difficulté consistait à trouver un mode de fixation de cette poulie au sol, à la fois solide et mobile.

La question a été résolue par M. Brutschke, qui a joint à cela un dispositif simple pour le déplacement de l'ancre, auquel est fixée cette poulie (fig. 16).

Le principe de cet arrangement est le suivant. Lors de l'aller, lorsque la charrue va vers le treuil, le câble de retour ne fournit presque pas d'effort; donc

Fig. 17. — *Ancre Bentschke pendant le transport.*

l'ancre ne subit pas de traction, mais la poulie tourne tout de même. On emploie cette rotation à arracher l'ancre, à l'aide d'une petite grue disposée à cet effet (fig. 17 et 16), et en même temps, par un engrenage, tout le système se déplace perpendiculairement aux sillons, de façon à être en position pour continuer le travail lors du retour. L'ancre étant rabaissée, dès que la charrue s'éloigne du treuil, le câble de retour entre en fonctions; l'ancre subit une traction et pénètre dans le sol, et ainsi de suite toutes les cinq ou six raies.

Les essais de ces appareils ont été faits dans la propriété de Gross-Behnitz, appartenant à M. Borsig, en mai 1897, et quelques mois plus tard au domaine du Sillium (fig. 18 et 29).

Fig. 17 bis. — Treuil Brutschke.

A, caisse à outils B, rhéostat ; M, électromoteur ; L, levier de manœuvre ; T, tambours du treuil.

A Gross-Behnitz, la station primaire employait comme force motrice une locomobile.

La puissance absorbée était de 11^{Pts},25 (15 chevaux).

Le câble tracteur pesait 600-750 kilos.

Un homme suffisait pour la conduite du treuil pesant 7 500 kilos (fig. 19-17 bis).

La résistance de l'ancre a paru bonne, mais une plus grande puissance la ferait tourner ; d'autres essais ont permis de calculer les dimensions des ancres de plus grande résistance (fig. 21).

Une modification intéressante consisterait à donner à l'ancre une forme qui permette un déplacement continu. Il suffirait pour cela d'employer uu grappin dont l'axe serait parallèle aux sillons et portant deux tourillons placés dans deux coussinets. Cet axe, muni d'une roue à chevrons engrainant avec la poulie de retour, serait animé d'un mouvement de rotation. L'ancre se dépla-

Fig. 18. — Vue d'ensemble des appareils *Brutschke*.

cerait ainsi transversalement, automatiquement, et offrirait à chaque instant le maximum de résistance. On économiserait ainsi quelques minutes à chaque raie, ce qui peut faire, à la fin de la journée, un temps assez considérable; or, en agriculture, plus que partout ailleurs, il faut être avare de son temps, la valeur de ce temps étant d'autant plus grande qu'il y a plus d'ouvriers.

Le dispositif représenté par la fig. 22, montre que l'on peut labourer à la fois au moins quatre champs, et cela avec le minimum de canalisations électriques, ce qui est très important dans le cas de nos grandes cultures à betterave, analogues à celles que l'on rencontre dans l'Allemagne du Nord.

Fig. 19. — Treuil *Brutschke*.

Ces appareils ont été, comme nous l'avons dit plus haut, essayés à Gross-Behnitz; mais on faisait une grave objection à ces essais. Le sol de ce domaine était très sablonneux; il aurait fallu, pour pouvoir comparer quelque peu avec les autres systèmes employés, au Sillium et à Cloeden, dans des terres grasses, les faire fonctionner dans des conditions semblables. On les a fait fonctionner alors à Klein-Wanzleben (district de Wanzleben). Voici quelques-uns des résultats obtenus.

La dynamo génératrice à champ tournant débitait, sous 2 200 volts, au courant de 20 ampères, et la ligne consistait en 3 fils de cuivre. La puissance produite était donc de 2 200 × 20 kil. $\sqrt{3}$ × 0,8 = 59 880 Watts, ce qui fait 60 poncelets environ :

Fig. 20. — Autre vue d'ensemble des appareils *Reulschke*.

Quant à la traction sur le câble, elle avait les valeurs suivantes :

> 1,000 kilog. Charrue à vide.
> 1,750 kilog. Charrue marchant avec un seul soc à 35 centimètres.
> 1,000 + 2.250 = 3,250 kilog. — Avec 35 centimètres, ce qui fait 1^m,20 de large.

La vitesse étant de 1^m.5, on absorbait donc :

$$3250 \times 1,5 = 4875 \text{ kilogrammètres ou } 48^k,75$$

Un avantage du système à un seul treuil consiste en ce qu'il suffit d'une seule

Fig. 21. — Ancre et charrue *Brutschke*.

ligne double pour l'apport de l'énergie électrique, d'où économie considérable de cuivre, substance assez coûteuse.

Nous verrons plus loin comment M. Forster est arrivé à un résultat analogue avec la méthode à deux treuils. Enfin, en terminant l'étude du labourage, nous le comparerons aux autres systèmes.

Nous avons un autre exemple de dispositif à un seul treuil, c'est le treuil réalisé par l'association de l'*Union Elektricitats-Gesellschaft*, la Compagnie Thomson-Houston allemande et la maison Eckert (fig. 21 *bis*).

Fig. 21 *bis*. — Treuil de labourage électrique de l'*Union* et de la maison Eckert.

L'*Union* a, dans ce but, construit spécialement des moteurs à courant continu
et à courants alternatifs, et un modèle du treuil a figuré à l'exposition de Hambourg de juin 1897.

La génératrice de la station primaire est du type ouvert usuel, mais les
moteurs ont quelques dispositions spéciales : les moteurs à courant continu
sont du type cuirassé, complètement imperméables tant à l'eau qu'à la poussière ;

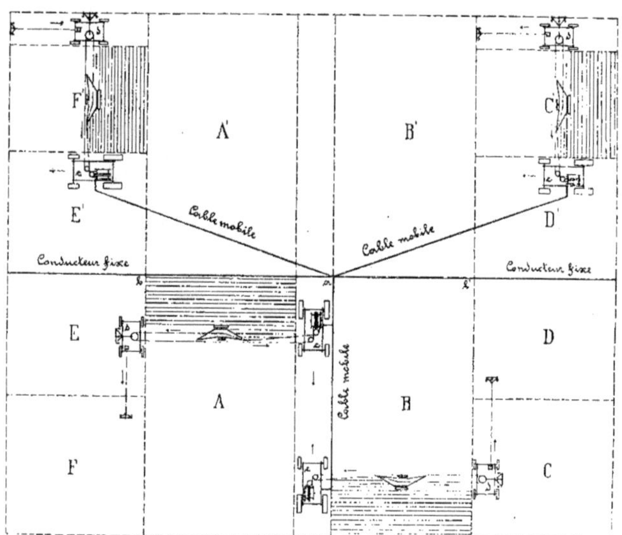

Fig. 22. — Disposition employée par M. *Brutschke* pour labourer quatre champs à la fois
et plus même si l'on veut.

les moteurs à courants alternatifs n'ont aucune bague de contact, de façon à être
à l'abri de tout danger d'incendie, ce qui a une grande importance en agriculture
à cause des poussières inflammables de toute sorte.

Le treuil de labourage est actionné par un moteur à courant continu,
type **W D.** 18-900, pouvant fournir 13^{Pts},3 normalement, et capable de supporter
momentanément une surcharge de 25 p. 100, ce qui est très important dans les
travaux de labourage, où le couple résistant varie constamment avec la nature
du terrain.

Le démarrage se fait au moyen d'un contrôleur (1) type K R, pouvant donner six vitesses différentes.

Les roues du treuil sont munies de parties tranchantes de façon à avoir une

Fig. 23. — Treuil *Dollberg* pour le labourage sur lequel se met la machine motrice.

meilleure adhérence avec le sol. La caractéristique avantageuse de ce treuil, c'est d'avoir l'axe des tambours d'enroulement du câble perpendiculaire au

Fig. 24. — Installation de la locomobile dans le cas de labourage à la vapeur.

champ, ressemblant en cela au treuil du colonel Bussière, mais mieux compris et mieux disposé.

Il ne nous reste donc plus à étudier que le système où l'on emploie deux treuils. Nous avons quatre exemples intéressants :

1° Dollberg-Schuckert (2); 2° Kœrting; 3° Siemens et Halske; 4° Forster.

---

(1) On appelle contrôleur un coupleur analogue à celui employé sur les tramways électriques.

(2) La partie mécanique a été réalisée par la maison Dollberg et la partie électrique par Schuckert et Cⁱᵉ.

Dans le système Dollberg, on emploie deux treuils moteurs, et chacun d'eux consiste en un appareil transportable, sur lequel est monté le mécanisme, et dans le tambour à câble (fig. 23-24).

Cet appareil repose sur deux petits trucks circulant sur rails, genre Decauville.

Le moteur est électrique et vient glisser et se fixer sur cet appareil, il est relié au mécanisme par courroie (fig. 25).

Fig. 25. — Treuil *Dollberg* pour le labourage électrique.

Un dispositif spécial à crémaillère rend possible le déplacement automatique du treuil à l'aide de l'électromoteur. Dans certains cas, on remplace les petits trucks par de grandes et larges roues qui permettent de travailler sans l'emploi d'une voie de champ. On se déplace alors à l'aide d'attelages.

Le poids total n'est guère supérieur à celui d'une locomobile ordinaire.

Ces appareils ont été employés à la fin de 1895 près de Diedrichshagen, la station primaire étant à Warnemünde, à $3^{km},5$ du point d'utilisation.

La transmission se faisait en courant triphasé à une tension de 2 200 volts au départ de l'usine, après transformation.

En arrivant près du lieu d'utilisation, la tension était ramenée à 320 volts à l'aide d'un deuxième transformateur; le courant, alors sans danger, était amené par un câble flexible au moteur électrique.

La ligne de transport était à trois fils de cuivre de 4 millimètres de diamètre chacun. L'usine fournissait 27^{Pts},75, et l'on avait à la réception 21 Poncelets effectifs, c'est-à-dire que le rendement était de 75 p. 100.

Vitesse de la charrue à 4 socs . . . . . 50 m. à la min.	Temps absorbé par la bascule . . . . 1^{m}30 sec.
Profondeur du sillon. 30 centimètres.	Surf. labourée par heure. $8 \times 1,8 \times 300 = 4\,320$ m. c.
Largeur totale . . . 180 —	Donc en 10 heures . . . 4 hectares 1/3.

Tableau de puissance, en Poncelets, nécessaire pour les différents modèles de charrues Dollberg. Surface travaillée en 10 heures (avec arrêts nécessaires) sur un sol moyennement libre de pierres et à raison de 70 mètres à la minute.

NOMBRE DE SOCS.	PROFONDEUR DU SILLON.				
	30 centimètres.	25 centimètres.	20 centimètres.	15 centimètres.	10 centimètres.
2	21 Poncelets (28 chevaux) 2ha,28	18^{Pts},75 (25 chevaux) 2ha,16	17^{Pts},25 (23 chevaux) 2ha,04	15 Poncelets (20 chevaux) 1ha,92	»
3	27 Poncelets (36 chevaux) 3ha,42	24 Poncelets (32 chevaux) 3ha,25	21 Poncelets (28 chevaux) 3ha,07	18 Poncelets (24 chevaux) 2ha,88	15 Poncelets (20 chevaux) 2ha,70
4	34^{Pts},5 (46 chevaux) 4ha,56	29^{Pts},25 (39 chevaux) 4ha,33	25^{Pts},5 (34 chevaux) 4ha,08	21 Poncelets (28 chevaux) 3ha,85	17^{Pts},25 (23 chevaux) 3ha,60
5	»	33^{Pts},75 (45 chevaux) 5ha,40	29^{Pts},25 (39 chevaux) 5ha,10	24 Poncelets (32 chevaux) 4ha,80	19^{Pts},5 (26 chevaux) 4ha,50
6	»	»	33 Poncelets (44 chevaux) 7ha,20	27 Poncelets (36 chevaux) 5ha,27	21 Poncelets (28 chevaux) 5ha,40

En deuxième lieu, on peut citer le dispositif Körting, de Körtingsdorf, près Hanovre; mais je n'insisterai pas sur ce système, qui n'a pas encore fait ses preuves.

Nous arrivons donc aux appareils Siemens et **Halske**, les meilleurs à notre avis, ou tout au moins ceux qui paraissent offrir les plus sérieux avantages pour une grande exploitation. Ils sont actuellement en usage dans le domaine du Sillium, appartenant au gouvernement prussien.

Dès l'année 1883, Werner von Siemens avait entrepris un essai dans le but

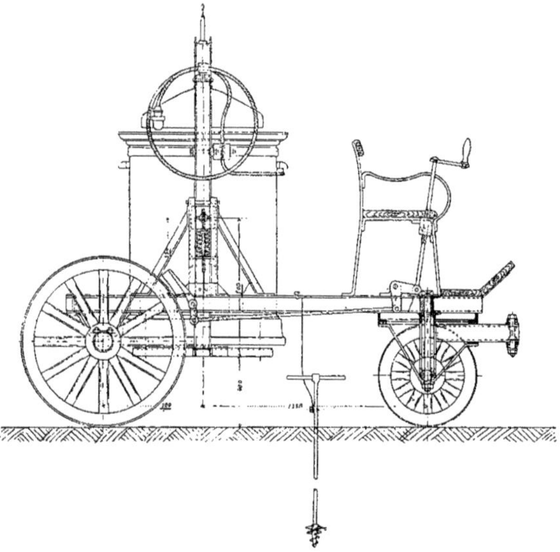

Fig. 26. — Transformateur employé pour le labourage électrique au Sillium.

d'employer l'électricité comme force motrice pour le labourage mécanique. L'initiative était due au gouvernement des Pays-Bas.

Parmi les troupeaux de buffles qui étaient employés à Java pour une culture assez profonde, il éclata une épidémie d'épizootie, ce qui diminua beaucoup le nombre des bêtes de trait. On eut l'idée, un moment, de remplacer les bêtes par des machines à vapeur; mais, le sol étant très mou et en partie marécageux, il fallut y renoncer. Siemens eut alors l'idée d'employer les électromoteurs, dont le poids est relativement plus faible. Des essais furent entrepris en Allemagne et l'on obtint un résultat très favorable pour l'époque.

Mais l'emploi des tensions élevées n'étant pas encore bien répandu, on restait très limité dans les distances. La question ayant été abandonnée par le gouvernement hollandais, aucune exploitation définitive ne fut réalisée.

En août 1895, la maison Siemens et Halske reçut l'ordre du ministère allemand de l'agriculture d'utiliser une force hydraulique d'à peu près 40 chevaux, située près du domaine du Sillium, pour l'exploitation de ce même domaine et, en particulier, pour le labourage.

La force motrice consistait en un petit moulin placé à 2^{km},75 de la ferme. Ce petit moulin actionnait un moulin à farine et une scierie. La hauteur de chute maxima était de 2^m,90 ; le débit était de 1^{mc},25 par sec en été (mai à octobre inclusivement) et 2^{mc},50 par sec en hiver (novembre à avril). Cela faisait environ 18^{Pts},75 sur l'arbre de la turbine en été (rendement de la turbine, 0,75), et en hiver 46^{Pts}5. A cause de la distance, on employa, le courant triphasé à 1500 volts; (14 ampères,5). A la prise du courant pour le treuil, se trouve un transformateur, qui ramène la tension à 500 volts (fig. 26-27).

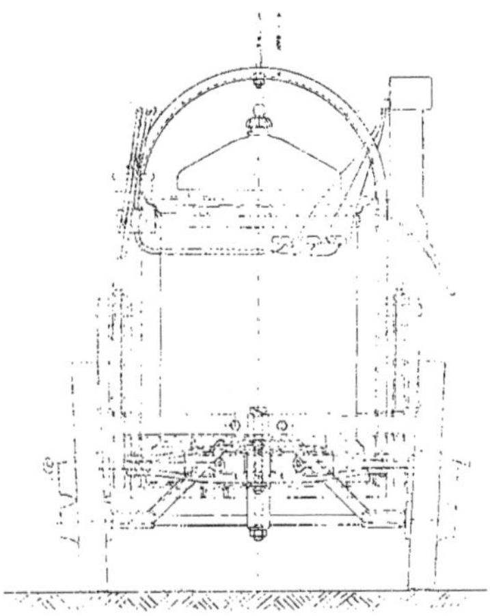

Il suffit d'un seul cheval pour transporter cet appareil (fig. 28).

Du transformateur, part un câble isolé, porté par un tambour traîné par un cheval ou tiré par le treuil (fig. 29-30-31).

Le déroulement se fait naturellement par le déplacement du tambour, une des extrémités du câble étant fixée au sol.

Fig. 27. — Transformateur employé pour le labourage électrique au Sillium.

L'enroulement, lui aussi, se fait très naturellement, grâce à un ingénieux dispositif. En effet, il suffit de renverser le tambour autour de l'axe des roues du chariot qui le porte et de faire marche arrière ou plutôt de revenir le long du câble, pour que l'enroulement se fasse automatiquement.

Un premier modèle de treuil avait été réalisé vers la fin de 1896; puis, après les essais, ayant remarqué de graves inconvénients, on en a établi un nouveau qui a été mis en fonctions le 23 septembre 1897. C'est celui-ci seulement que je vais décrire, car il a donné des résultats absolument satisfaisants.

Le treuil moteur (fig. 32) est actionné par un moteur de 25 chevaux à 960 tours;

il présente plusieurs particularités intéressantes. Les principales conditions à remplir dans la construction des treuils sont les suivantes : 1° opposer une

Fig. 28. — Transformateur employé au Sillium pour le labourage électrique.

résistance suffisante pour ne pas être déplacé par la traction du câble; 2° ne pas avoir un poids trop lourd. Les jantes des roues ont environ 30 centimètres

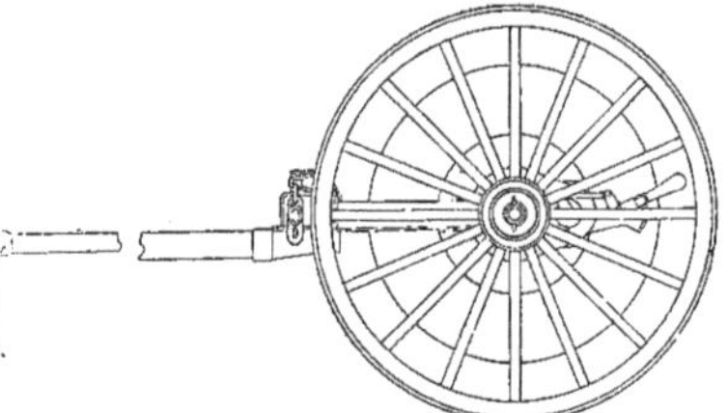

Fig. 29. — Tambour à câble. (Élévation.)

de large, de façon à ne point enfoncer dans les sols déjà travaillés. Elles sont munies de parties saillantes, car le treuil, étant automoteur, doit pouvoir avoir

Puissance et temps nécessaires pour labourer à différentes profondeur et largeur (1).

PROFONDEUR en centimètres	LARGEUR en centimètres	TRACTION au câble en kilogrammes	PUISSANCE NÉCESSAIRE AU SOC avec les vitesses				SURFACE LABOURÉE MAXIMA en une heure sans arrêts			
			V = 0m,1 p. sec	V = 1m	V = 2m	V = 3m	V = 0m,4	V = 1m	V = 2m	V = 3m
			Poncelets. chev.	Poncelets. chev.	Poncelets. chev.	Poncelets. chev.	hectares.	hectares.	hectares.	hectares.
20	25	175	0,72 (0,96)	1,8 (2,1)	3,50 (4,8)	5,4 (7,2)	0.036	0,09	0,18	0,27
	50	350	1,54 (1,9)	3,5 (4,7)	6,8 (9,1)	10,57 (14,1)	0.072	0,18	0,36	0,54
	75	525	2,16 (2,8)	5,25 (7)	10,50 (14)	15,75 (21)	0,108	0,27	0,54	0,81
25	28	260	1,05 (1,4)	2,62 (3,5)	5,25 (7)	7,87 (10,5)	0,04	0,1	0,2	0,3
	56	520	2,10 (2,8)	5,25 (7)	10,50 (14)	15,74 (21)	0,08	0,2	0,4	0,6
	84	780	3,15 (4,2)	7,87 (10,5)	15,75 (21)	23,61 (31,5)	0,12	0,3	0,6	0,9
	112	1040	4,20 (5,6)	10,50 (14)	21 (28)	31,48 (42)	0,16	0,4	0,8	1,2
30	32	380	1,55 (2,05)	3,8 (5,1)	7,6 (10,2)	11,4 (15,3)	0,048	0,115	0,23	0,345
	64	760	3,10 (4,1)	7,6 (10,2)	15,3 (20,0)	22,8 (30,6)	0,096	0,23	0,46	0,69
	96	1140	4,65 (6,1)	11,4 (15,3)	22,8 (30,6)	34,2 (45,9)	0,014	0,345	0,69	1,035
	128	1520	6,11 (8,15)	15,3 (20,4)	30,4 (40,8)	45,9 (61,2)	0,0185	0,46	0,92	1,38
35	36	570	2,29 (3,05)	5,7 (7,6)	11,4 (15,2)	17,1 (22,8)	0,052	0,13	0,26	0,39
	72	1140	4,58 (6,1)	11,4 (15,2)	22,8 (30,4)	34,2 (45,6)	0,105	0,26	0,52	0,78
	118	1710	6,87 (9,1)	17,1 (22,8)	34,2 (45,6)	51,3 (68,4)	0,156	0,39	0,78	1,17
	144	2280	9,16 (12,2)	22,8 (30,1)	45,6 (63,8)	68,4 (91,2)	0,208	0,52	1,04	1,56
40	40	800	3,22 (4,3)	8 (10,7)	16 (21,6)	24 (32,1)	0,058	0,144	0,288	0,432
	80	1600	6,44 (8,6)	16 (21,4)	22 (42,8)	48 (61,2)	0,115	0,288	0,576	0,864
	120	2400	9,65 (12,8)	24 (32,1)	48 (61,2)	72 (96,3)	0,173	0,432	0,814	1,296
	160	3200	12,88 (17,2)	32 (42,8)	64 (85,6)	96 (128,4)	0,23	0,572	1,152	1,728

(1) Ces chiffres sont établis pour des terrains sablonneux. Pour les terrains glaiseux ou fermes, tels que ceux que l'on rencontre très souvent en France, il faut les augmenter de la moitié au moins.

prise sur les sols même le plus unis. Enfin des cercles tranchants sont fixés perpendiculairement aux jantes pour éviter tout glissement transversal pendant le travail de labour. Le grand avantage du *treuil automoteur* consiste dans une assez grande économie de temps, et la complication mécanique qui en résulte est bien peu importante relativement au bénéfice que l'on y trouve.

Le poids de ces appareils est de 10 tonnes 5. Ce poids paraît être considé-

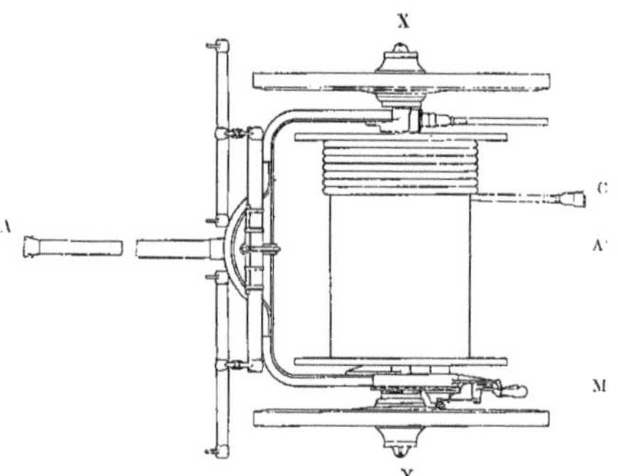

Fig. 30. — Char à câble (plan).

C, câble isolé muni du raccord pour se réunis au câble déjà posé. M, mécanisme qui par le renversement de A en A', autour de *x y*, embraye le tambour, l'axe et rend ainsi l'enroulement automatique.

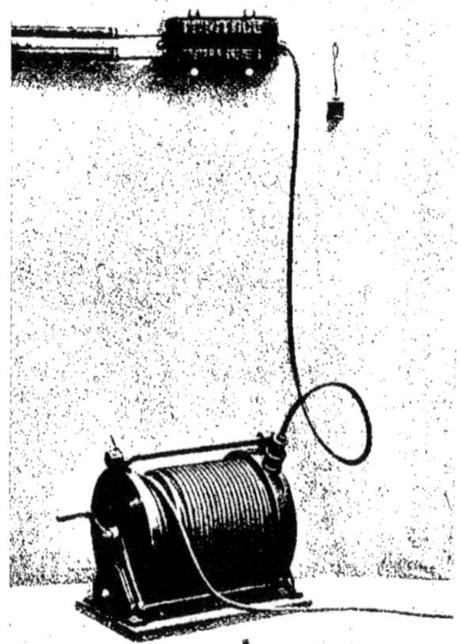

Fig. 31. — Petit tambour à câble portatif.

rable, étant donnée la nature des terrains sur lesquels il est amené à séjourner. Cependant, grâce au dispositif employé pour les jantes, il ne présente aucun inconvénient, étant donné que le treuil est automoteur; il a en outre l'avantage de lui donner une plus grande stabilité (fig. 33-34). Pour un treuil qui doit être mu par des bêtes de trait, 10 tonnes est beaucoup trop; déjà, pour déplacer un treuil de 5 tonnes dans les chemins de terre, il faut 8 paires de bœufs dans une région un peu mouvementée.

C'est là le grave inconvénient du treuil représenté (fig. 31 *bis*), qui pèse 20 tonnes. Il est bien automoteur, mais il est très long à se mouvoir, étant donné qu'il circule sur des rails en fer à double *T*, qu'il faut déplacer constamment, il y a une perte de temps assez considérable.

On est alors obligé d'employer des amarres, copiées exactement, il est vrai,

Fig. 31 *bis*. — Treuil « l'Aratromoteur » du colonel Bussière (Système à un treuil et à double effet).
Dimensions du tambour : 1^m,40 de diamètre et 0^m,90 de longueur.

sur celles de M. Félix Prat (fig. 35), grâce à l'amabilité de ce dernier; mais, chez M. Prat, la chose est mieux comprise et l'ensemble plus mobile.

Ce treuil est celui réalisé par le colonel du génie Bussière, pour M. Cureyras, de Lamoricière (Algérie).

Fig. 32. — Treuil actuellement employé au Sillium pour le labourage électrique.

C, char à câble.

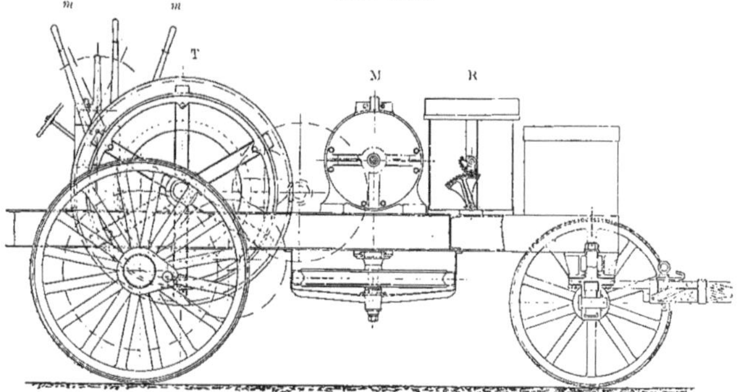

Fig. 33. — Treuil actuellement employé au Sillium. (Vue en élévation.)

T, tambours du treuil; R, rhéostat; M, moteur; C, caisse à outils; m, levier embrayant le treuil sur l'électromoteur et actionnant un frein à friction agissant sur les treuils; m', levier servant à régler la marche avant ou arrière de l'électromoteur; n, levier servant à embrayer le moteur sur l'essieu de la voiture pour la rendre automotrice; r, manette servant à la direction de la voiture automotrice.

Revenons donc au treuil Siemens et Halske il nécessite 4 bœufs pour être déplacé sur la route. Lorsqu'il doit pénétrer dans les chemins de terre g, a, c, d (fig. 36), on dételle les bêtes de trait et l'on relie le câble conducteur au transformateur g, placé au bas du poteau, supportant la ligne à haute tension H, qui est disposée le long de la route. A partir de ce moment, le treuil est automoteur. A mesure qu'il s'avance dans les terres, le câble conducteur isolé se déroule délicatement sur le sol (fig. 32). Lorsqu'un premier tambour a a été vidé, — et cela a lieu au bout de 400 mètres, — on revient en fixer un nouveau sur le treuil A, et on le relie en tension avec le premier; on peut ainsi en mettre trois, qua-

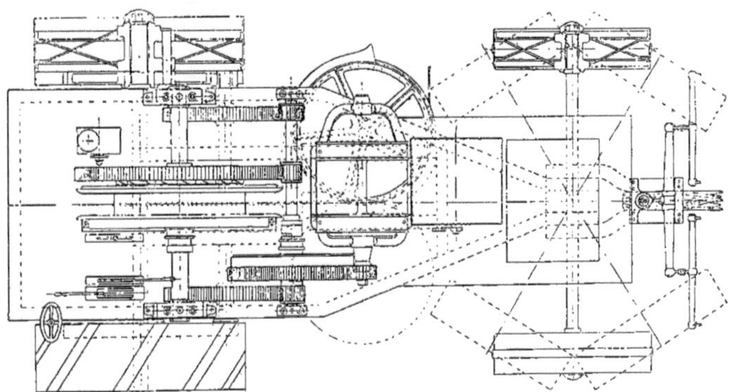

Fig. 34. — Treuil employé au Sillium. (Vue en plan.)

tre, etc., à la suite les uns des autres. Le treuil a une force disponible considérable; il peut donc avancer encore assez vite.

Pendant le labourage, ce sont ces tambours qui se déroulent; ils sont munis de freins pour conserver une certaine tension au câble.

Quant à la main-d'œuvre, voici en quoi elle consiste :

> 2 machinistes (puisqu'il y a 2 treuils espacés au maxima de 500 mètres),
> 1 laboureur,
> 1 aide pour la bascule.

Ce dernier aide pourrait peut-être être supprimé par l'emploi de certains dispositifs.

Voici les résultats obtenus sur place au Sillium, dans les essais officiels du 7 au 9 octobre 1897.

La distance entre les treuils, c'est-à-dire la longueur des sillons, était de 300 mètres (fig. 36).

Le treuil le plus éloigné était à 3 010 mètres de l'usine génératrice.
Le sol à labourer était glaiseux et lourd ; en certains points apparaissait même

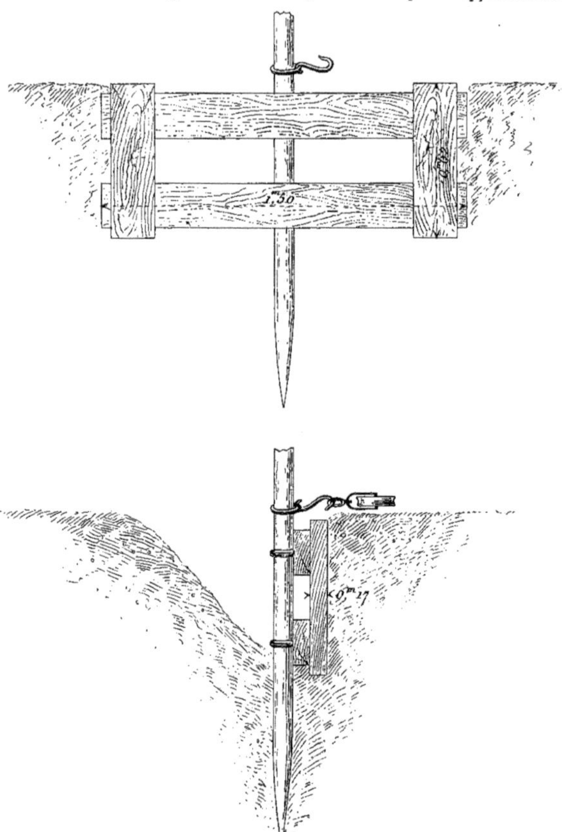

Fig. 35. — Amarres employées chez M. Félix Prat, pour le labourage électrique.

la glaise pure. La largeur des sillons allait à 60 et 65 centimètres, et la profondeur, à 20 et 26 centimètres.

La vitesse de la charrue était de 1 mètre en moyenne à la seconde.

La traction sur le câble de la charrue oscillait de 900 à 2000 kilog. et on en a même atteint 2 400. La puissance, à la charrue, oscillait donc entre 15 et 24 ^{Pts}.

Dans ce sol de glaise lourde, on travaillait à peu près 0^{ha},2 en 1 heure, ou 2^{hn} en 10 heures par jour.

Dans la figure 32, on remarque que le conducteur du treuil a à sa disposition trois leviers. Celui qui est à sa droite sert à embrayer le treuil sur l'électromoteur. Il actionne aussi un frein mécanique, qui, lorsque l'on provoque l'arrêt du treuil, détruit l'élan donné aux tambours pour conserver au câble la tension qui lui est nécessaire afin qu'il ne s'abîme pas. Le levier du milieu sert à embrayer le moteur sur l'essieu de la voiture afin de la rendre automotrice ; enfin, le levier qui est à gauche du conducteur sert à régler la marche avant ou arrière de l'électro-moteur.

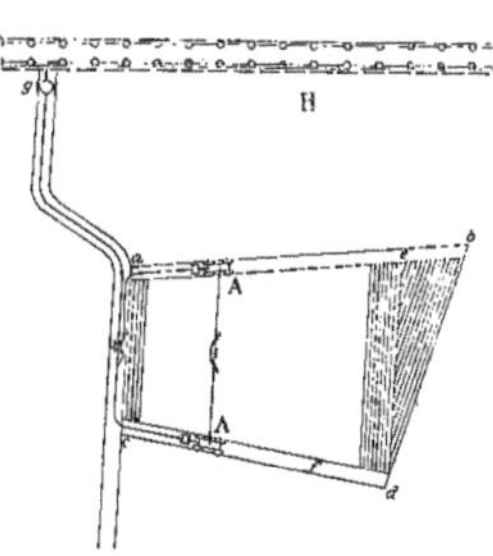

Fig. 36. — Dispostions sur le sol des appareils *Siemens*.

En résumé, les principaux avantages des appareils Siemens sont les suivants :

Fig. 36 *bis*. — Labourage électrique au domaine du Sillium.

1° Travail rapide, par suite de la puissance de la machine et du peu de perte de temps pendant le travail.

2° La poulie-guide qui porte le câble au moment où il quitte le treuil est à environ 90 centimètres ou 1 mètre au-dessus du sol, d'où économie considérable, en ce sens que le câble a un bien plus faible contact avec le sol (ce contact occasionne une perte de 12 p. 100). Malgré cette disposition, la stabilité du treuil n'est aucunement menacée, car le point d'application de l'effort est encore en dessous du plan de suspension. Quant au centre de gravité, il est assez bas, grâce à la disposition des tambours et des engrenages du treuil, d'où :

3° Stabilité assez grande pour n'avoir besoin d'aucune amarre ;

4° Enfin, facilité de manœuvre.

Dernière remarque : le moteur électrique ne paraît pas très volumineux. En effet, c'est un moteur triphasé à cage d'écureuil. L'avantage de ces moteurs

Fig. 37. — Treuil *Förster* pour le labourage électrique au domaine de Clœden.

est d'être un peu plus légers que les moteurs à courant continu de même force, et surtout de nécessiter beaucoup moins de surveillance.

Ajoutons que l'énergie électrique était encore employée pour 136 lampes à incandescence de 16 bougies.

Enfin, comme dernier système à deux treuils, nous arrivons aux appareils Förster.

La puissance motrice du treuil (fig. 37) est de 22^{Pts},50, et la charrue marche à 90 mètres à la minute.

Le reproche grave que l'on pourrait adresser à ce treuil, qui fonctionne au domaine de Clœden, c'est d'être un peu haut perché et, par là, de ne pas offrir peut-être une stabilité suffisante.

Ce système comporte une particularité qui fait honneur à M. Förster; nous verrons ce que l'expérience décidera à la longue à ce sujet. Cette disposition a pour but d'économiser la moitié de la ligne de cuivre employée dans le cas ordinaire. Pour cela, le courant arrive au premier treuil par un fil de cuivre ordinaire; puis, après avoir traversé l'électromoteur n° 1, il se rend dans le câble tracteur de la charrue et de là dans l'électromoteur n° 2, placé sur le

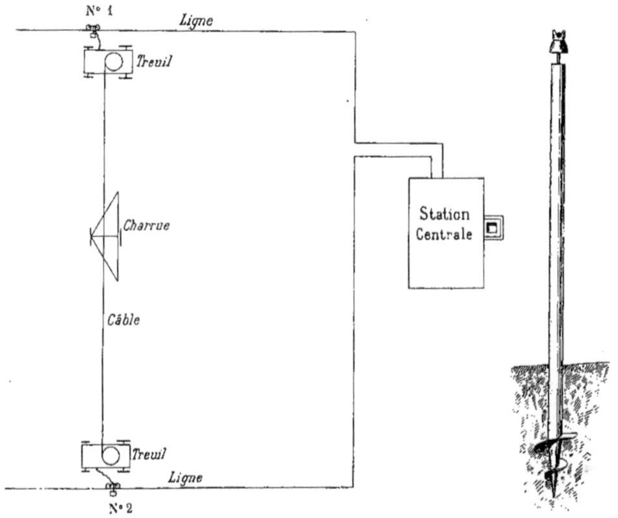

Fig. 38. — Figure schématique de la disposition employée par M. *Förster*.   Fig. 39. — Poteau *Förster*.

deuxième treuil (fig. 38); enfin il retourne à l'usine par une conduite de cuivre ordinaire simple.

L'économie réalisée est assez considérable et, en outre, un avantage capital réside dans ceci : c'est que le conducteur de la charrue peut, à l'aide d'un commutateur disposé à cet effet, interrompre le courant chaque fois qu'il le juge nécessaire pour la sécurité de la marche. Ce dernier avantage est surtout précieux par les temps de brume. Reste à savoir s'il n'y aura pas de petits inconvénients, tels que des commotions reçues par les ouvriers.

La ligne (à 500 volts, courant continu) réunissant l'usine aux appareils est sur des poteaux en fer (conduites à gaz), constitués par des tubes portant à leur partie supérieure l'isolateur nécessaire et, à la partie inférieure, un pas en hélice permettant d'obtenir un maintien plus solide dans le sol (fig. 39).

Comme résultats : on laboure par jour 3^{ha} à $3^{ha},75$, et, dans l'année écoulée, on en aura labouré 400.

Le dernier avantage signalé par M. Förster consiste en ce que le moteur peut être retiré du treuil, placé sur une voiture légère, et servir à actionner d'autres appareils.

M. Förster dit que l'hectare lui coûte 14 fr. 65 à labourer :

Frais d'acquisition (1).

	Fr.
Treuils électriques.	14 125
Câble tracteur.	1 500
Charrue à bascule.	625 (2)
2 moteurs électriques à 3 250 francs.	6 500
Matériel de conducteurs	3 750
Total	26 500

Les frais d'exploitation sont :

	Fr.
Charbon par jour : 350 kilos à 12 fr. 50 la tonne, par an pour 100 jours.	437,50
Salaire de 3 journaliers à 1 fr. 875 par jour pour 100 jours.	562,50
Traitement pour le chauffeur à 1 fr. 25 par jour.	125
Graisses et matériel à graisser.	125
Usure du câble tracteur par an.	625
10 p. 100 amortissement pour la charrue, etc.	2 650
Amortissement pour la machine à vapeur en ce qui concerne la charrue.	1 045
Total.	5 570,00

La charrue fait $3^{ha},75$ par jour, ou 375 hectares en 100 jours, de sorte que l'hectare revient à $\dfrac{5\,570}{375} = 14$ fr. 85 environ.

Mais comment offrir un salaire de 1 fr. 85 et même de 1 fr. 25 à un chauffeur. Cela paraît impossible en France. C'est cependant ainsi, et grâce à leur esprit d'initiative bien compris, que les Allemands doivent d'avoir une agriculture qui donne encore d'assez beaux résultats.

Pour pouvoir tabler sur ces prix en France, il faudrait amener le salaire des journaliers à 3 fr. 50 au minimum et à 3 francs celui du chauffeur, quoiqu'en France ce soit ce dernier qui ait le traitement le plus élevé.

(1) Dans ce cas, on emploie à Clœden la puissance d'une sucrerie qui n'est pas utilisée tout entière.

(2) Ce prix de 625 francs pour une charrue à bascule nous paraît bien faible ; nous en laissons la responsabilité à M. Förster qui nous l'a donné.

Cela ferait :

	Fr. c.
Charbon.	437,50
3 journaliers à 3 fr. 50 et 100 jours par an.	1 050
Gages pour le chauffeur.	300
Câble tracteur (usure).	625
Amortissement du matériel pour le labourage.	2 650
Amortissement pour la machine à vapeur en ce qui concerne la charrue.	1 045
Matériel de graissage, huile, etc.	125
Total.	6 232,50

Donc, en France, l'hectare pourrait revenir à $\dfrac{6\,232{,}50}{375} = 16\,\text{fr.}62$ (au minimum).

Chez M. Förster, la station primaire actionne en même temps une briqueterie et deux machines à battre.

Je veux maintenant terminer la question du labourage par une étude comparative des quatre systèmes.

Voici d'abord un graphique (fig. 40) donnant le coût annuel de ces quatre systèmes, sans compter les dépenses pour l'énergie électrique. Les frais sont à peu près égaux.

Les systèmes à deux treuils sont un peu plus chers au point de vue de l'achat; la dépense d'exploitation est sensiblement la même.

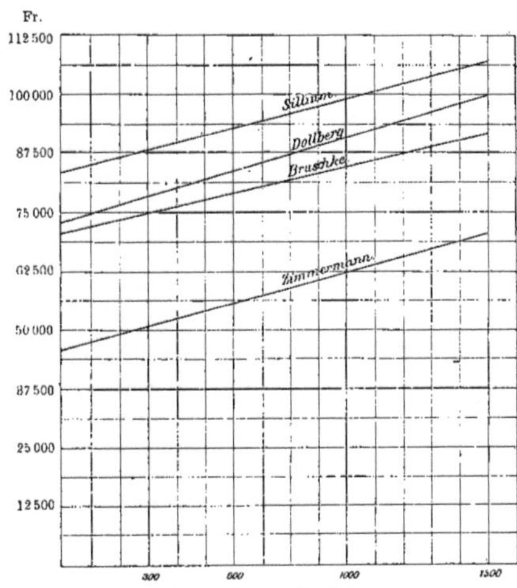

Fig. 40. — Graphique comparatif de quatre systèmes de labourage électrique.

L'appareil Zimmermann est bien, à première vue, le meilleur marché ; mais, comme je l'ai dit précédemment, il immobilise tout un matériel électrique et nécessite des manipulations et des allées et venues sur la surface à travailler. Il n'aura d'emploi que dans les petites installations, où l'on ne fera que le labourage.

Il en résulte que le système le plus avantageux pour les exploitations moyennes est celui du genre Brutschke; mais, pour les grandes exploitations, où l'on a une grande surface à travailler, il faut revenir à la méthode à deux treuils, qui permet d'aller plus vite.

Voici d'abord un tableau comparatif :

SYSTÈME	RENDE-MENT P. 100	PUISSANCE AUX SOCS	SURFACE LABOURÉE EN 1 h. SANS ARRÊT au max.		ARRÊT p. 100	SURFACE LABOURÉE EFFEC-TIVEMENT EN 1 H.		150 HECTARES SONT LABOURÉS en	
			30 cm.	25 cm.		30 cm.	25 cm.	30 cm.	25 cm.
		Poncelets. chev.	hect.	hect.		hect.	hect.	heures.	heures.
Siemens	66	12,37 (16,5)	0,37	0,47	20	0,295	0,375	500	400
Dollberg	66	12,37 (16,5)	0,37	0,47	30	0,260	0,330	572	455
Brutschke . . .	60	11,25 (15)	0,34	0,43	20	0,270	0,345	550	435
Zimmermann . .	60	11,25 (15)	0,34	0,43	30	0,240	0,300	630	500

NOTE. — Dans ce tableau, le moteur du treuil fournit 18 Pts,75 pour les 4 cas.

Évaluation des frais pour les différents systèmes de labourage (moteurs 18 Pts, 75).

NOMBRE DE PIÈCES	DÉTAIL DES OBJETS	PRIX DES PIÈCES en francs.	PRIX D'ENSEMBLE en francs.	POUR CENT				TOTAL PAR AN
				pour intérêt	pour amortissement	pour réparations	TOTAL	
	Système à 2 machines **Siemens**.							
2	Treuils avec moteurs de 18 Pts, 75 (25 chevaux) et accessoires . .	14375	28750	4	6	5	15	fr. 4312,50
3	Tambours à câbles pour les treuils.	2000	6000	4	8	10	22	1320 »
1	Transformateur transportable. .	»	3250	4	6	3	13	422,50
	Appareils de champs : une charrue à bascule et une défonceuse.	»	7500	4	8	5	17	1275 »
	800 mètres de câble d'acier . . .	»	2000	4	40	»	50	1000 »
	TOTAL.		47500					8330 »

NOMBRE DE PIÈCES	DÉTAIL DES OBJETS	PRIX DES PIÈCES en francs.	PRIX D'ENSEMBLE en francs.	POUR CENT				TOTAL PAR AN
				pour intérêt	pour amortissement	pour réparations	TOTAL	
	*Système à 2 machines* **Dollberg.**							
2	Chariots portant le châssis et le treuil	5 937,50	11 875	4	6	5	15	1 781,25
2	Moteurs électriques de 18 Pts, 75 (25 chevaux) avec accessoires.	4 000 »	8 000	4	6	5	15	1 200 »
3	Tambours à câbles	2 000 »	6 000	4	8	10	22	1 320 »
1	Transformateur transportable. .	»	3 250	4	6	3	13	422,50
	Appareils de champs : une charrue à bascule et une défonceuse.	«	7 500	4	8	5	17	1 275 »
	800 mètres de câble d'acier. . .	»	2 000	4	46	»	50	1 000 »
	Voie ferrée nécessaire	»	1 375	4	8	10	22	302,50
	Total.		40 000					7 301,25
	*Système à 1 machine* **Brutschko.**							
1	Voiture à treuil avec moteur de 18 Pts, 75 et accessoires. . . .	»	14 375	4	8	6	18	2 712,50
2	Tambours à câbles.	2 000	4 000	4	8	10	22	855 »
1	Transformateur transportable . .	»	3 250	4	6	5	15	422,50
1	Chariot-ancre	»	5 125	4	6	5	15	768,75
	Appareils de champs : une charrue à bascule et une défonceuse.	»	7 500	4	8	5	17	1 275 »
	800 mètres de câble d'acier . . .	»	2 000	4	46	»	50	1 000 »
	Total.		36 250					7 033.75
	*Système de charrue à chaîne* **Zimmermann** (1).							
1	Charrue à bascule avec moteur de 18 Pts, 75 et accessoires . .	»	10 000	4	8	7	19	fr. 1 900 »
1	Défonceuse avec moteur de 18 Pts, 75 et accessoires	» »	10 000	4	8	7	19	1 900 »
2	Ancres pour la chaîne	»	375	4	10	5	19	71,25
	300 mètres de chaîne.	»	1 000	4	30	»	34	340 »
6	Wagons pour supporter le câble.	»	600	4	20	15	39	234 »
2	Tambours à câble.	2 000	4 000	4	20	15	39	1 560 »
1	Transformateur transportable. .	»	3 250	4	6	3	13	422,50
	Total.		29 225					6 427,75

(1) Ce calcul est fait avec les premiers appareils Zimmermann ; avec l'appareil actuel, le total serait sensiblement le même, mais les sommes seraient réparties peut-être autrement. Cela est donc d'une importance secondaire.

Dans l'appareil actuel on est obligé d'employer le courant continu sans transformateur pour n'avoir que 2 frotteurs au lieu de 3 nécessaires avec le courant triphasé.

Le prix du transformateur serait alors remplacé par d'autres frais occasionnés par ce nouveau système.

Frais comparatifs pour les différentes charrues électriques.

Dans ces frais on n'introduira pas le prix de l'énergie électrique; il sera donc encore à ajouter. On laisse cette partie à part, car l'énergie électrique revient plus ou moins cher suivant les conditions où l'on se trouve.

Étant donné que la génératrice doit fournir 18Pts,75 (25 chevaux) avec un rendement de 87 p. 100, il faudra lui donner 21Pts,75 (29 chevaux).

1° SYSTÈME SIEMENS. MOTEUR DE 18 Pts,75

Frais annuels : Intérêts, amortissement et réparations, d'après l'estimation faite précédemment. . . . . 8 330 Fr.

Les frais par heure de travail, résultant de cette somme, sont :

		Fr. c.
Pour 300 heures de travail par an		27,75
... 600 —		13,87
— 1 000 —		8,33
— 1 500 —		5,55

	Fr. c.
Frais horaires : Consommation d'huile	0,31
Salaire de 2 machinistes	0,75
— de 2 aides	0,50
Total	1,56

Les frais généraux annuels résultants s'élèvent donc, pour une charrue actionnée, à :

	Fr.	Fr.	Fr.
Pour 300 heures par an	8 330 +	468 =	8 798
— 600 —	8 330 +	936 =	9 266
— 1 000 —	8 330 +	1 560 =	9 890
— 1 500 —	8 330 +	2 340 =	10 670

2° SYSTÈME DOLLBERG. MOTEUR 18 Pts,75

Frais annuels : Intérêts, amortissement et réparations, d'après l'estimation faite précédemment . . . . 7 301,25 Fr. c.

Les frais par heure de travail, résultant de cette somme, sont :

		Fr. c.
Pour 300 heures de travail par an		24,35
— 600 —		12,17
— 1 000 —		7,30
— 1 500 —		4,86

	Fr. c.
Frais horaires ; Consommation d'huile, etc	0,31
Salaire de 2 machinistes	0,75
— de 3 aides	0,75
Total	1,81

Les frais généraux annuels résultants s'élèvent donc, pour une charrue actionnée, à :

		Fr. c.	Fr.	Fr. c.
Pour 300 heures par an		7 301,25 +	543 =	7 844,25
— 600 — —		7 301,25 +	1 086 =	8 387,25
— 1 000 — —		7 301,25 +	1 810 =	9 111,25
— 1 500 — —		7 301,25 +	2 715 =	10 016,25

3° SYSTÈME BRUTSCHKE. MOTEUR 18 P^{ts},75

$$\text{Fr. c.}$$

Frais annuels : Intérêts, amortissement et réparations d'après l'estimation faite précédemment 7058,75

Les frais par heure de travail, résultant de cette somme, sont de :

	Fr. c.
Pour 300 heures de travail par an	23,52
— 600 — —	11,76
— 1 000 — —	7,05
— 1 500 — —	4,70

Frais horaires : Consommation d'huile, etc	0,31
Salaire de 1 machiniste	0,375
Salaire de 3 hommes	0,75
Total	1,435

Les frais généraux annuels résultants s'élèvent donc, pour une charrue actionnée, à :

		Fr. c.	Fr. c.	Fr. c.
Pour 300 heures par an		7058,75 +	430,5 =	7 489,25
— 600 — —		7 058,75 +	861 =	7 919,75
— 1 000 — —		7 058,75 +	1 435 =	8 493,75
— 1 500 — —		7 058,75 +	2 152,5 =	9 211,25

4° SYSTÈME ZIMMERMANN. MOTEUR 18 P^{ts},75

$$\text{Fr. c.}$$

Frais annuels : Intérêts, amortissement et réparations d'après l'estimation faite précédemment 6 427,75

Les frais par heure de travail, résultant de cette somme, sont de :

	Fr. c.
Pour 300 heures de travail par an	21,42
— 600 —	10,71
— 1 000 —	6,42
— 1 500 —	4,28

Frais horaires : Consommation d'huile, etc	0,31
Salaire de 1 machiniste	0,375
— de 4 hommes	1,00
Total	1,685

Les frais généraux annuels résultants s'élèvent donc, pour une charrue actionnée, à :

				Fr. c.		Fr. c.		Fr. c.
Pour	300 heures par an.	. . .		6 427,75	+	505,5	=	6 933,25
—	600	—	—	6 427,75	+	1 011	=	7 438,75
—	1 000	—	—	6 427,75	+	1684	=	8 112,75
—	1 500	—	—	6 427,75	+	2 527,5	=	9 055,25

Prix de revient d'un hectare de travail pour les différents systèmes
de charrues électriques.

Les prix relatifs à l'énergie électrique sont estimés dans les tableaux qui se trouvent pages 31-40, et ceux relatifs aux charrues électriques dans les tableaux des pages 72 et 73.

L'électromoteur du treuil produisant $18^{Pts},75$, avec le rendement de 87 p. 100, il faut lui fournir $21^{Pts},75$.

Il reste maintenant à connaître un facteur très important dans cette question du labourage et du défonçage à l'aide de machines, c'est le suivant :

Quel est le rapport supplémentaire qu'a donné le sol?

Ici, on pourra prendre les chiffres donnés par la culture à la vapeur.

1° Il est possible d'entreprendre avec l'exploitation à l'aide de machines une manipulation plus profonde du sol. On augmente donc la couche de terre qui nourrit la plante.

Le sol a ainsi une plus grande capacité pour garder l'humidité et la chaleur. Le surplus, obtenu par la culture profonde, varie considérablement avec la qualité du sol. Quelquefois il atteint une valeur surprenante. Voici, par exemple, une statistique relevée sur les biens de l'archiduc Albrecht en Hongrie, pour une période de neuf ans :

Blé.	Augmentation de 20 p. 100
Orge.	— 35 —
Avoine.	— 1 —
Maïs en masse	— 12 —

On a atteint 25 p. 100 dans le domaine de Grosshof, dans la Prusse de l'Est, et on a remarqué que le blé, venant sur le sol travaillé avec des machines, résiste beaucoup mieux aux ondées et aux vents que les autres blés.

Il est possible, avec une exploitation mécanique, de commencer plus tôt les travaux de labourage, et cela aussitôt après la récolte, puisqu'on n'est pas obligé d'attendre que les attelages soient disponibles après avoir été occupés à mettre sous grange.

Par le travail précoce du sol, ses parties constituées sont exposées plus longtemps à l'action bienfaisante de l'air.

DISPOSITIONS.	PRIX du Poncelet-heure.	FRAIS POUR 300 hectares.			PRIX de l'hectare entre 25 et 30 centim.
		énergie.	charrue.	total.	
ON COMPTE SUR 1 800 HEURES DE TRAVAIL PAR AN POUR L'USINE GÉNÉRATRICE (1)					
Siemens (900 heures).	fr.	fr.	fr.	fr.	fr.
V Moteur à vapeur de 30 poncelets . .	0,3033	5 937,50	+ 9 750	= 15 687,50	52
V' Moteur à vapeur préexistant de 30 poncelets.	0,1966	3 850	+ 9 750	.. - 13 600	45,50
T Turbine hydraulique de 30 poncelets.	0,1916	3 750	+ 9 750	= 13 500	45
V₁ Moteur à vapeur de 300 poncelets.. .	0,1466	2 875	+ 9 750	= 12 625	42
T₁ Turbine hydraulique de 300 poncelets.	0,0900	1 762,50	+ 9 750	= 11 512,50	38,50
Dollberg (1 027 heures).					
V Moteur à vapeur de 30 poncelets . .	0,3033	6 775	+ 9 125	= 15 900	53
V' Moteur à vapeur préexistant de 30 poncelets.	0,1966	4 400	+ 9 125	.. 13 525	45
T Turbine hydraulique de 30 poncelets.	0,1916	4 300	+ 9 125	.. 13 425	44,75
V₁ Moteur à vapeur de 300 poncelets. .	0,1466	3 275	+ 9 125	- 12 400	41,50
T₁ Turbine hydraulique de 300 poncelets.	0,0900	2 012,50	+ 9 125	.. 11 137,50	37
Brutschke (985 heures).					
V Moteur à vapeur de 30 poncelets.. .	0,3033	6 500	+ 8 375	== 14 875	49,50
V' Moteur à vapeur préexistant de 30 poncelets.	0,1966	4 375	+ 8 375	== 12 750	42,50
T Turbine hydraulique de 30 poncelets.	0,1916	4 087,50	+ 8 375	== 12 462,50	41,50
V₁ Moteur à vapeur de 300 poncelets. .	0,1466	3 125	+ 8 375	== 11 500	38,50
T₁ Turbine hydraulique de 300 poncelets.	0,0900	1 925	+ 8 375	.. 10 300	34,50
Zimmermann (1 130 heures).					
V Moteur à vapeur de 30 poncelets.. .	0,3033	7 562,50	+ 8 337,50	== 15 900	53
V' Moteur à vapeur préexistant de 30 poncelets.	0,1966	4 825	+ 8 337,50	== 13 162,50	43,87
T Turbine hydraulique de 30 poncelets.	0,1916	4 725	+ 8 337,50	== 13 062,50	43,54
V₁ Moteur à vapeur de 300 poncelets. .	0,1466	3 600	+ 8 337,50	== 11 937,50	39,79
T₁ Turbine hydraulique de 300 poncelets.	0,0900	2 087,50	+ 8 337,50	= 10 425	34,73

(1) C'est un minimum, cela correspond donc au maximum pratique du prix du Poncelet-heure.

Fig. 41. — Fabrique de sucre de Groenendyk près Oosterhout (Hollande). Terminus du transporteur électrique de betterave.

Fig. 42. — Port de débarquement des betteraves pour la sucrerie de Groenendyk.

Fig. 53. — Courbe de 40 mètres de rayon sur la voie étroite électrique reliant la sucrerie de Groenendyk à son port de débarquement de betteraves.

Je crois avoir suffisamment insisté sur la question du labourage, qui était certainement la principale difficulté de l'application de l'énergie électrique à l'agriculture et qui est, on peut dire, à peu près résolue.

Fig. 44. — Locomotive électrique *Koppel* à voie étroite /2 moteurs.

Après le labourage, parmi les travaux du sol, nous trouvons le drainage et l'arrosage, qui ont été effectués aussi électriquement.

Certes, là encore, l'électricité peut rendre de grands services soit pour aider au drainage à l'aide de pompes, soit encore pour arroser. On emploie de petites pompes rotatives mues par un électro-moteur. Cet ensemble n'a pas besoin de surveillance ou très peu, et peut être enfermé dans une cabane placée à l'endroit même où l'on en a besoin. Cela pourra être très utile pour les prairies par exemple.

Nous arrivons maintenant aux travaux de culture. Ici, la place est vide. Aucun appareil de réalisé; mais on peut croire que, dès que le besoin s'en fera sentir, on en verra paraître (1). On n'a plus là à surmonter les difficultés du labourage, où l'on emploie des forces considérables.

TRANSPORT DES MATIÈRES

La question du *transport des matières* présente, au contraire, quelques exemples intéressants. Pour le charroi, il faut surtout signaler le dispositif dû à M. Koppel, de Berlin. Il a adapté l'électricité au petit Decauville employé dans la ferme ou dans les industries agricoles. Pour les grands charrois, il emploie le

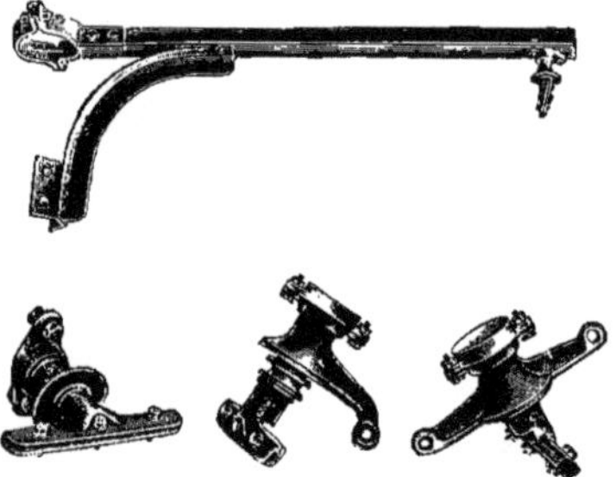

Fig. 45. — Détails des isolateurs de la suspension de la ligne aérienne, système *Koppel*.

trolley à archet, dans lequel la partie frottante, au lieu d'être fixe, est libre de tourner.

L'avantage de ce genre de trolley réside en ce que l'on évite complètement le dévoiement de la prise de courant. Cela est obligatoire dans les installations agricoles, où l'on est obligé d'adapter les appareils aux choses existantes, et cela économiquement, d'où résulte un certain manque de précision. On supprime encore les aiguilles dans le conducteur aérien, ce qui fournit une certaine économie.

La figure 41 représente la station terminus d'un petit transport de betterave (système Koppel), à la fabrique de sucre de Groenendyk, près Oosterhout (Hollande). La voie a 60 millimètres de large et relie la fabrique de sucre à un port, éloigné d'environ $2^{km},5$, où arrivent les bateaux chargés de betteraves (fig. 42).

La plus grande pente est d'environ 2 p. 100. La conduite aérienne est en fil

(1) Nous avons appris récemment qu'une moissonneuse était à l'étude.

de bronze silicié; elle est supportée au moyen d'isolateurs (fig. 45) par des mâts ou des fils transversaux. L'éloignement entre les mâts, en ligne droite, de 30 à 40 mètres. Le fil est à environ 5 mètres au-dessus de la voie (fig. 43).

La locomotive (fig. 44 et 50) est à deux moteurs de 8 chevaux et tire 15 chariots d'un mètre cube chacun avec une vitesse moyenne de 15 kilomètres à l'heure.

Les betteraves sont basculées directement dans la cuve de lavage en arrivant

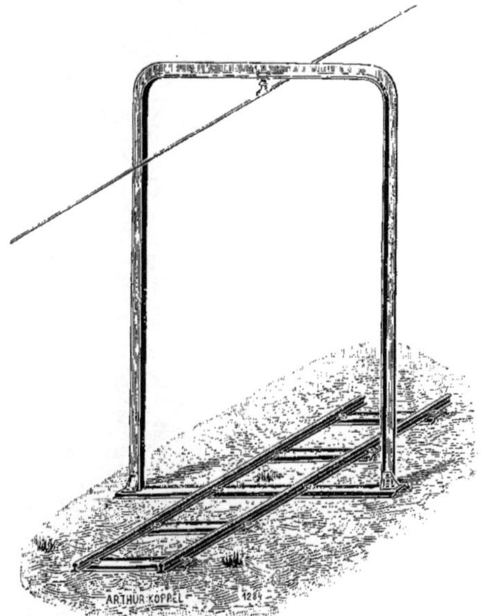

Fig. 46. — Cadre de voie, portant un support pour le fil aérien (petit modèle de ,trolley Koppel .

dans la sucrerie. En 7 heures de travail, on transporte 175 tonnes de betteraves.

La station primaire comporte une machine à vapeur de 35 chevaux et une dynamo compound à quatre pôles, fournissant un courant à la tension de 550 volts.

On peut, pour un transport beaucoup moins important, employer le petit modèle qui comporte une disposition spéciale pour la suspension du câble aérien. La partie intéressante est constituée par l'assemblage des cadres de voie avec le support de la conduite aérienne (fig. 46).

L'ensemble est très transportable et l'accroissement de poids du cadre de

Fig. 47. — Trolley *Koppel* (petit modèle) employé pour le transport des pierres à chaux dans une sucrerie.

voie n'est que de 50 kilogrammes. L'éloignement de ces supports verticaux est, en ligne droite, de 30 à 40 mètres ; ce n'est que dans les courbes de faible rayon que chaque cadre de voie porte son support de façon à maintenir le fil au milieu, car, ici, on emploie le trolley à roulette (fig. 47).

Le fil, situé à 3 ou 4 mètres au-dessus du sol, est tendu à l'aide d'un petit tambour monté sur truc (fig. 48-49).

L'avantage de l'exploitation électrique sur l'exploitation à vapeur, pour les

Fig. 48. — Tendeur, pour établir la ligne aérienne d'un trolley *Koppel*, petit modèle.

chemins de fer à voie étroite, est évidente : d'abord, la locomotive est plus légère et il y a suppression totale du mouvement de tangage. Il résulte de ces deux points que l'on peut employer un profil de voie plus léger et, par cela même, réaliser une économie assez importante.

On supprime presque tout danger d'incendie. Cela est de première importance en agriculture, où l'on manie tantde substances inflammables. Enfin, la locomotive électrique ne demande qu'un seul conducteur au lieu du chauffeur et du mécanicien nécessaires avec la vapeur. D'autre part, le moteur électrique, pouvant

Fig. 49. — Le trolley *koppel* à l'Exposition de Hambourg.

Fig. 50. — Récente installation d'un transport électrique à la sucrerie de Zülz (Silésie). (Dernier modèle des locomotives *Koppel*.)

fournir pendant un petit moment un effort bien supérieur à la normale, permet de réaliser des travaux que l'on ne pourrait] accomplir avec le moteur à vapeur.

Il faut montrer que l'exploitation avec chevaux ne saurait concourir avec l'exploitation mécanique dans beaucoup de cas où il s'agit d'un transport continuel, ne serait-ce même que pendant une saison donnée. C'est ce que je vais essayer de faire dans l'exemple suivant.

Prenons une tuilerie à vapeur, où l'on doit transporter en deux cents jours 10 000 mètres cubes d'argile. La longueur de la voie est de 1 kilomètre et la largeur de 50 centimètres. Sur le parcours se trouvent des pentes de 1 p. 100.

1° Exploitation électrique. — On emploiera, pour produire le courant nécessaire, la machine à vapeur et la dynamo fournissant déjà l'éclairage. De la sorte, l'amortissement est partagé entre le service d'éclairage et le service de transport.

La durée de l'aller et du retour est de . . . . $\dfrac{60 \times 2}{15} = 8$ minutes.

   — du garage . . . . 5 —

Total . . . . 13 —

Si on emploie une locomotive électrique de 6 chevaux-vapeur, pesant 1 500 kilos, elle peut traîner 3 chariots à bascule de 3/4 de mètre cube de contenance, sur des pentes de 1 p. 100.

Donc, la quantité de matière transportée par jour est de

$$\frac{10\,000^{m3}}{200\,\text{j.}} = 50^{m3} = 100 \text{ tonnes.}$$

1 chariot contient $1^t,5$; donc il faut faire $\dfrac{100}{1,5 \times 3} = 21$ trajets.

Comme il faut fournir à la presse à tuiles suivant les besoins, on est obligé d'avoir 3 trains de 3 wagons. Le capital d'établissement sera donc de :

	Fr.	c.
1° Superstructure	3 425	
2° Équipement électrique de la voie	2 693,75	
3° Matériel roulant	5 443,75	
4° Tableau de distribution, etc.	237,50	
5° Montage	700	
Total	12 500	

FRAIS D'EXPLOITATION

I. *Frais d'entretien :*

		Fr. c.
a. 2 p. 100 de la superstructure.		68,50
b. 1 — de l'équipement électrique.		26,93
c. 3 — du matériel roulant.		163,29
d. 1 — de la station centrale (environ 6 250 francs de frais de revient, on prend la 1/2 de 2 p. 100).		62,50

II. *Traitements :*

e. Du conducteur de la locomotive (200 jours, 4 fr. 375 par jour).		875
f. De l'aide (3 fr. 125 par jour).		625

III. *Combustible employé :*

g. Énergie électrique absorbée par jour $= 11^{\text{kilowattheures}},3$ à la dynamo, soit 11 P^{ts},3 environ en ajoutant les pertes par frottements, rendements, etc., soit environ 15 Poncelets; donc à raison de $2^{kg},66$ de charbon par Poncelet, on aura au total 40 kilos de charbon pour 200 jours de travail $400 \times 200 = 8\,000$ kilos de houille à 25 fr. la tonne, cela fait 200

En coûtant $1/10^e$ en plus on aura. . . . 220

IV. *Nettoyage et graissage :*

h. 1 p. 100 du matériel roulant.		54,43
i. La moitié de 1 p. 100 pour la dynamo et la machine à vapeur.		31,25

V. *Intérêts et amortissement :*

j. 6 p. 100 de la station centrale de 6 250 fr.		375
k. 12 p. 100 du capital de construction, 12.500 fr.		1 500
Total des frais d'exploitation. . .		4 001,90

2° EXPLOITATION AVEC CHEVAUX. — Un cheval peut en moyenne développer 70 kilogrammes de traction (1) et parcourir 30 kilomètres par jour; il peut donc ainsi traîner $\dfrac{70}{12} =$ environ 6 tonnes sur voie ferrée, c'est-à-dire, dans notre cas, 3 chariots chargés, de 3/4 de mètre cube.

Durée de l'aller.	15 minutes.	
— du retour.	15	—
Dételage et attelage	10	—
Total.	40	—

(1) Stevenson a trouvé qu'un cheval peut développer momentanément 4^{Pts},5 et, dans les tramways, les chevaux développeraient d'après lui 3 ^{Pts} au maximum.

Morin dit qu'un travail prolongé de 3 ^{Pts},75 surmène un cheval. Enfin M. Ringelmann estime qu'un cheval français, en agriculture, peut fournir un travail journalier de 1 900 000 kilogrammes en moyenne. Ici nous prenons 2 100 000; c'est un maximum.

En travaillant 8 heures par jour, un cheval peut donc faire $\dfrac{8 \times 60}{40} = 12$ allées et venues et transporter par jour : $12 \times 1,5 \times 3 = 54$ tonnes de chargement net. Il faut par suite 2 chevaux $\dfrac{100}{54}$ et $2 \times 3 \times 3 = 18$ wagons.

Le capital de construction est donc de :

		Fr. c.
1° Superstructure.		3 425
2° Matériel roulant		2 137,50
3° 2 chevaux avec harnais		2 000
4° Montage de la voie		368,75
5° Écurie.		1 750
	Total.	9 671,25

FRAIS D'EXPLOITATION

I. *Frais d'entretien :*

	Fr. c.
a. 2 p. 100 de la superstructure.	68,50
b. 3 — du matériel roulant.	64,12
c. 5 — des chevaux et harnais.	100
d. 1 — de l'écurie.	17,50

II. *Traitements :*

	Fr. c.
e. 2 conducteurs de voiture.	1 750
f. Du gardien de l'écurie.	875

III. *Fourrage :*

	Fr. c.
g. Pour 2 chevaux.	1 875

IV. *Nettoyage et graissage du matériel :*

	Fr. c.
h. 1 p. 100 du matériel roulant	21,37

V. *Intérêts et amortissement.*

	Fr. c.
i. 24 p. 100 des chevaux et harnais.	480
j. 10 — de la superstructure et du matériel.	536,20
k. 8 — de l'écurie.	140
Total des frais d'exploitation . .	5 847,69

L'exploitation électrique donne donc une économie d'environ 31 p. 100 du total des frais d'exploitation.

Nous trouvons encore, dans ce genre d'appareils, le transport à trolley de la maison Schuckert, de Nurnberg pour le transport des bois (fig. 51) et le petit transport électrique réalisé par l'*Union* avec les moteurs Thomson-Houston (fig. 51 *bis*).

Enfin, voici le schéma d'une installation comprenant un réseau de voies ferrées pour le transport électrique ; les câbles électriques aériens sont employés à la fois pour les travaux agricoles et pour les transports (fig. 52).

Fig. 51. — Transport électrique *Schuckert*, à trolley, pour les bois.

Fig. 51 *bis*. — Transport électrique réalisé par l'*Union*.

Dans le tableau des travaux agricoles, on trouve, sous le titre TRANSPORT DES MATIÈRES, la division intitulée : *mise en grang*

Rien n'a encore été réalisé pour l'emploi de l'électricité dans ce but, mais la question

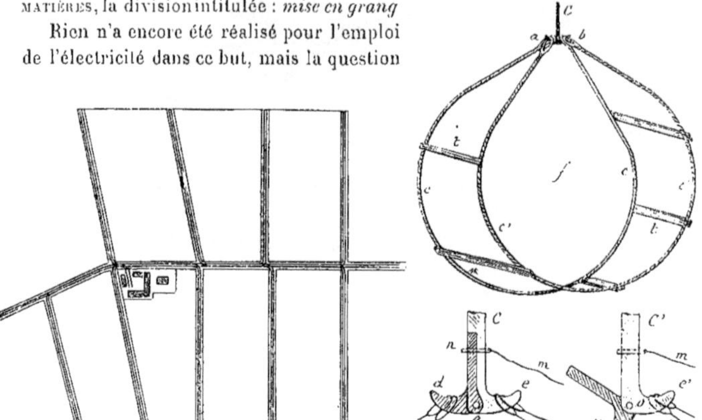

Fig. 52. — Plan d'un domaine possédant un réseau de voie étroite électrique.

Fig. 53. — Appareil à cordes *Porter*.

est devenue bien simple maintenant avec les appareils américains que M. Rin-

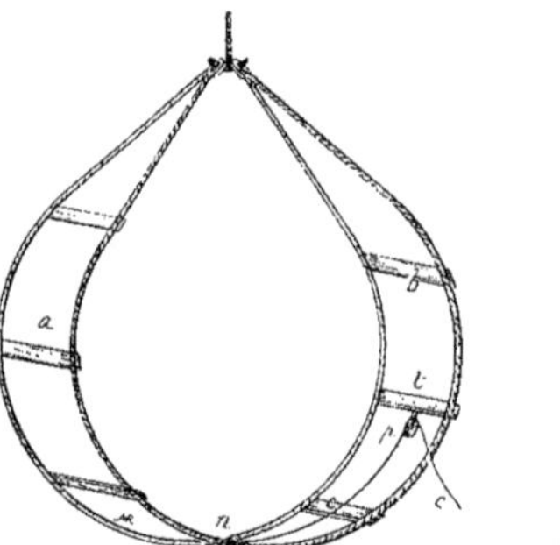

Fig. 54. — Appareil à cordes *Louden*.

Fig. 55. — Arrangement des appareils à cordes sur les voitures.

gelmann a décrits dans deux très intéressants articles du *Journal d'Agriculture pratique* des 12 et 19 mai 1898.

Quoique nous devions nous borner aux appareils allemands, ici, nous nous permettrons de sortir un peu des limites que nous nous sommes tracées, étant donné le grand intérêt de la question, et, pour cela, nous allons puiser quelque peu dans les descriptions citées plus animale par la traction électrique.

Les appareils le moins compliqués sont ceux à cordes, représentés par les figures 53, 54, 55. Dans le modèle de la figure 53, le déchargement du fourrage a lieu à l'aide du crochet $a\,b\,c$, dont le détail est représenté. En donnant une certaine traction sur la cordelette m, le crochet s'ouvre.

Le modèle de la figure 54, au contraire, s'ouvre par le bas, en exerçant une traction sur la corde c.

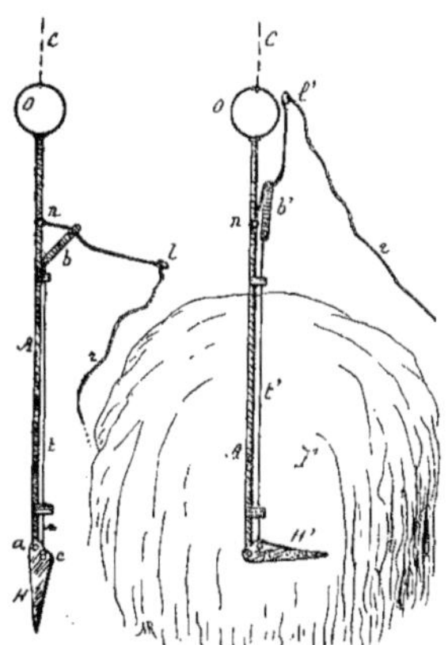

Fig. 56. — Harpon *Walker*.

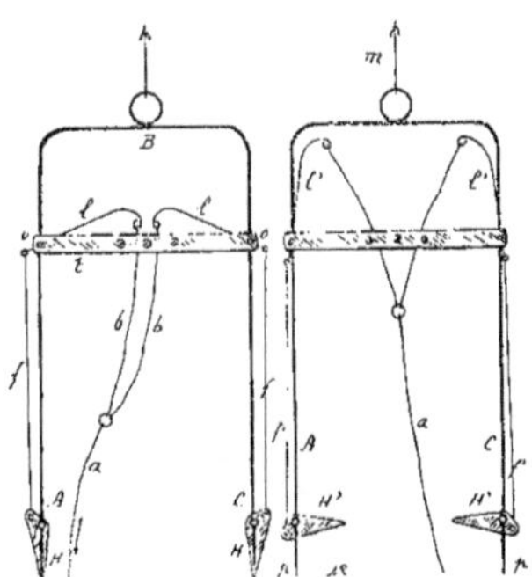

Fig. 57. — Double harpon *Harris*.

On exerce une traction sur a pour mettre H H, en H'H'

Enfin, la figure 55 représente la voiture. On reproche à ce système d'être obligé de laisser des cordes dans le fourrage lors du chargement. On a alors réalisé des fourches de différents modèles. Avec certaines d'entre elles, on arrive à prendre une tonne de foin dans la voiture en neuf minutes, l'élever à $7^m,30$ de haut, et la décharger dans le fenil.

On fait en outre des harpons; le harpon Walker, représenté par la figure 56, est surtout utilisé pour les foins longs.

On plante le harpon dans la charge de la voiture, puis, en faisant passer l en l', il suffit d'exercer une traction en c pour enlever une masse assez importante de fourrage.

La figure 57 représente le double harpon de Harris; c'est à peu près le mécanisme du précédent, répété en double, A B C étant un montant rigide.

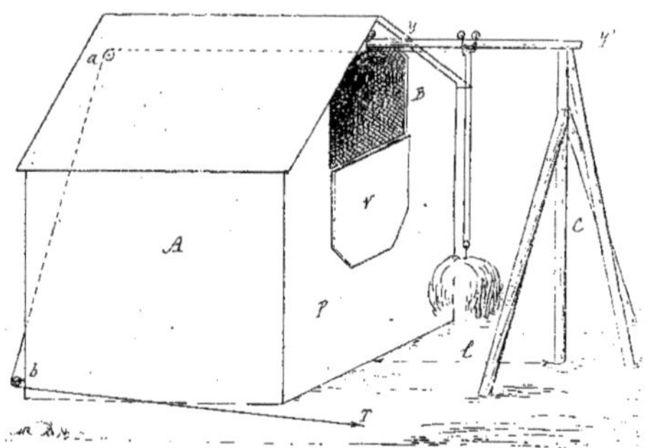

Fig. 57 *bis*. — Vue d'ensemble du fenil.

y-y' rail de roulement.

Nous arrivons aux grappins, qui constituent les appareils les plus simples
à manier. La figure 58 représente le grappin Gardner B. Weeks.

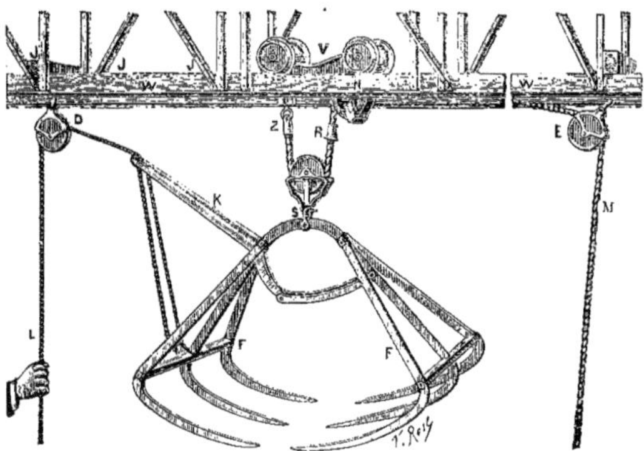

Fig. 58. — Grappin *Gardner B. Weeks*.

V. petit chariot mobile sur W. WW. rail fixe, suspendu à la charpente du fenil.

Par leur propre poids, les deux fourches F et F tendent à se rapprocher; pour
les écarter, on exerce une traction sur L. Enfin, pour déplacer la charge, une trac-

tion, exercée à l'aide d'un moteur électrique sur M, dans notre cas, permet une manipulation rapide.

La figure 59 donne la théorie des appareils rapides de déchargement en

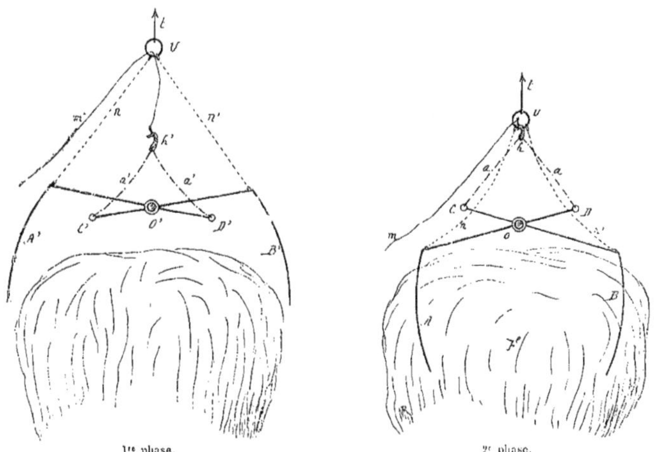

Fig. 59. — Grappin à déchargement rapide.

forme de grappin. Pour saisir la charge sur la voiture, on laisse la corde *m'*

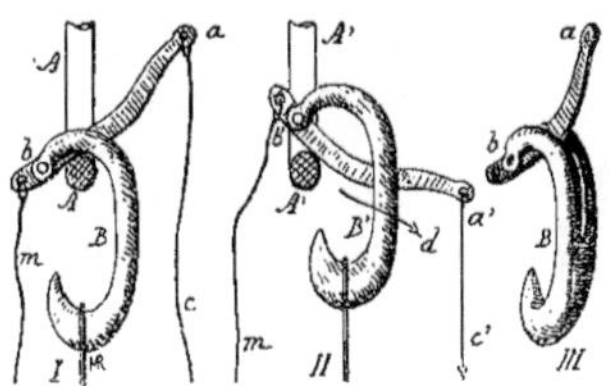

Fig. 60. — Crochet *Provan*.

I, première position : on exerce traction sur *c*, le point *a* s'abaisse, on arrive à la position II, où *a'o'* glisse sur A' et le crochet échappe de l'anneau AA' (U dans la fig. 59).

passer dans l'anneau U librement, sans tension; les fourches A' et B' s'écartent quand la fourche repose sur le foin. On continue à laisser descendre l'anneau U jusqu'à ce qu'il puisse s'accrocher dans le crochet *h'*; à ce moment, on exerce une traction en t, les fourches se resserrent, entraînant une charge de foin. Lorsqu'on est arrivé au-dessus du tas de foin, par une traction exercée sur m', on décroche h' de U, les fourches s'écartent et le foin tombe.

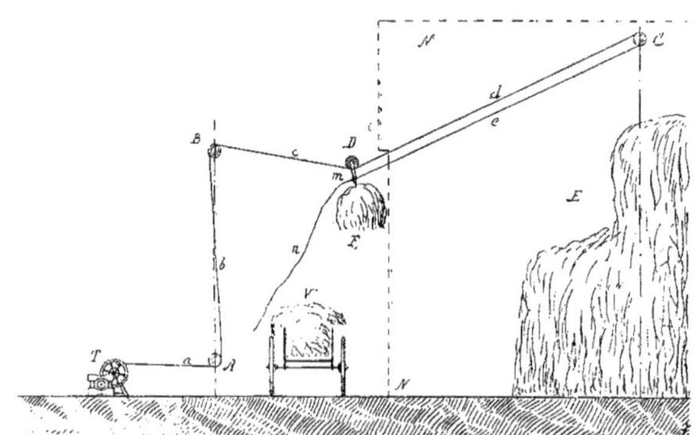

Fig. 61. — Principe d'un déchargeur électrique à câble.

T, treuil électrique; D, grappin; E, meule; A B C, poulies fixes; $abcde$, câble de 0^m,015 à 0^m,020 de diamètre; n, cordelette servant au déchargement du grappin; NN, profil du fenil.

Le détail du crochet U (crochet Provau) est représenté par la figure 60. Avec ces appareils, on peut enlever jusqu'à 800 kilogrammes de fourrage d'un seul coup.

Les appareils que nous venons d'examiner ne dépassent pas, en général, une hauteur de 10 mètres.

La figure 61 montre le principe d'un déchargeur électrique à câble pour constituer les meules en plein air. L'ensemble, en dehors du treuil électrique, peut revenir à 100 ou 130 francs d'après M. Ringelmann. Pour supporter les poulies B et C en plein air, on emploie trois perches formant trépied et assemblées par des étriers (fig. 62).

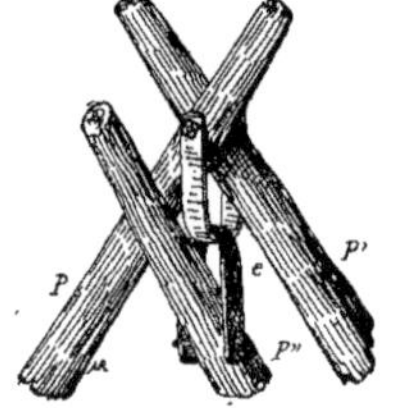

Fig. 62. — Assemblage des perches.

P, P', P'', perches en bois; e, étrier.

On peut employer le même dispositif pour un grand fenil.

La figure 63 se rapporte au cas d'un fenil possédant un rail fixe AB, BAC ou DCE, suivant le cas d'établissement du fenil. Ce rail fixe ou chemin de roulement est en bois (fig. 64) ou en fer (fig. 65).

Le détail du chariot transporteur est donné par les figures 66 et 67. La corde M subit l'action du treuil électrique, qui tend à faire monter la poulie *m*. Celle-ci vient faire butter *e* en *n* ; à ce moment, le déclic *l* se défait, et le chariot va de gauche à droite. Quand il arrive au-dessus du tas de foin, une traction sur *s* amène le dé-

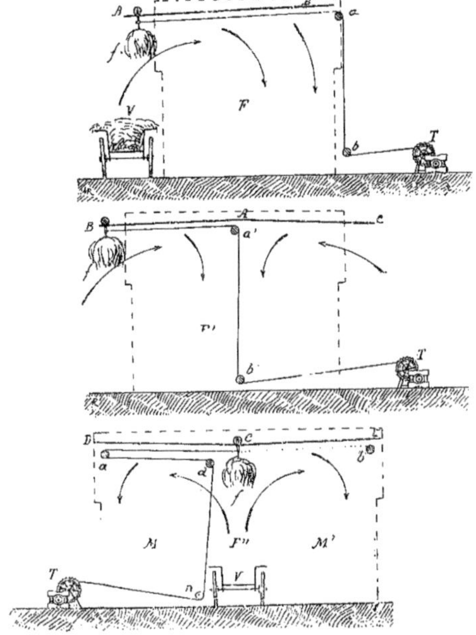

Fig. 63. — Cas de l'appareil électrique de déchargement rapide pour un fenil.

1° Le fenil est de petit modèle, une seule entrée existe, dans ce cas A B est le rail fixe ; 2° on a une ouverture pour le chargement de chaque côté. Le rail fixe : A B C. 3° La voiture pénètre dans le fenil et se trouve à l'abri du mauvais temps. Le rail fixe : C D E.

chargement ; la voie V ayant une pente convenable, le chariot revient seul à sa position initiale. La corde *r* sert dans le cas où V n'a pas de pente.

La figure 68 donne l'ensemble de l'installation d'un grand fenil. Toute explication est inutile ; il suffit de raisonner quelque peu la figure (1).

(1) *Bulletin* de novembre 1894, p. 820.

Les matières premières étant parvenues à la ferme, nous allons leur faire subir différents *travaux préparatoires*.

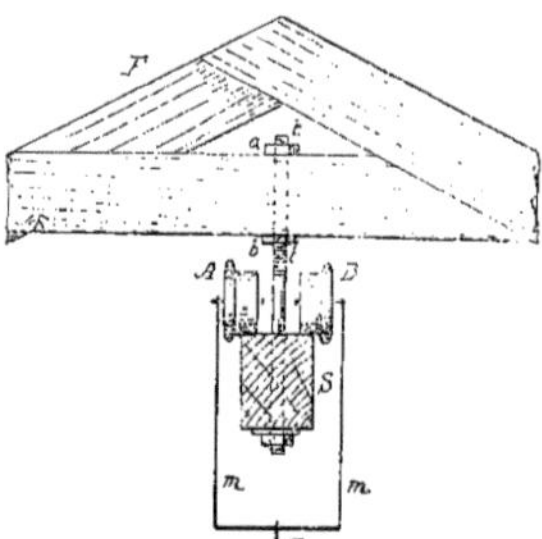

La ferme possède en général une sous-station (fig. 69), d'où l'on dirige la distribution de l'énergie dans les différents bâtiments soit pour l'éclairage, soit pour faire mouvoir les appa-

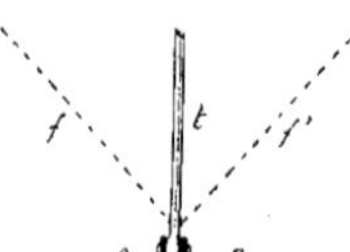

Fig. 64. — Chemin de roulement en bois.

Fig. 65. — Coupe d'un chemin de roulement en fer.

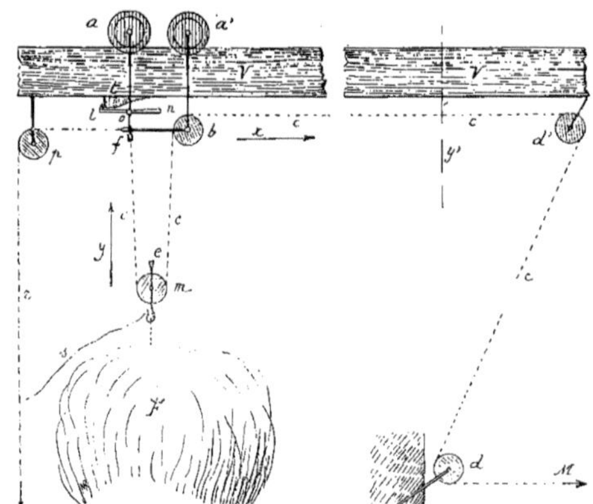

Fig. 66. — Principe d'un appareil transporteur.

reils (fig. 69 *bis*). Souvent même, cette sous-station possède une batterie d'accumulateurs : au Sillium, par exemple.

Dans la ferme de ce domaine, sont actionnés électriquement :
1° La machine à brasser de la brasserie ; 2° le moulin à broyer le maïs ; 3° le

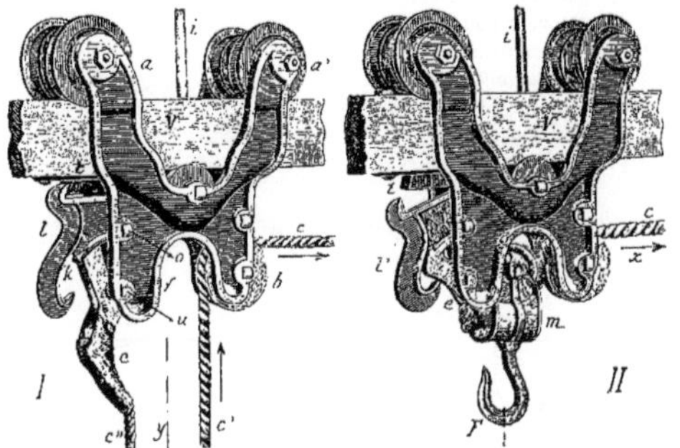

Fig. 67. — Chariot transporteur.

V, rail de roulement sur bois ; i, tige fixant le rail fixé après la ferme du fenil ; t. taquet fixe (fig. 68) ; l', crochet
(voir fig. 66,: I, position pendant l'ascension de la charge ; II. position pendant son déplacement latéral.

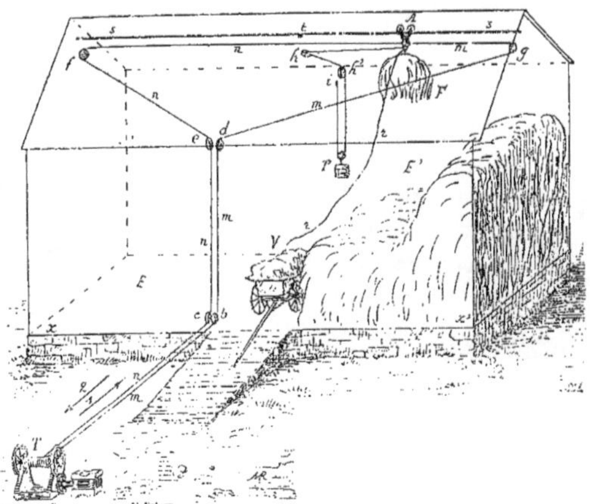

Fig. 68. — Vue d'ensemble de l'installation électrique de déchargement rapide d'un grand fenil.
La corde ihh' sert à ramener le grappin et le chariot A au-dessus de la voiture, grâce au contrepoids, P ;
S S est le rail fixe ; t est un arrêt fixe pour A.

moulin à malt ; 4° le concasseur à malt ; 5° le trieur à semailles ; 6° la machine
à nettoyer le colza ; 8° le montage des sacs.

Voici à peu près la puissance absorbée par chacun de ces appareils :

		Poncelets.
1°	La machine à brasser.	3,74
2°	Le nettoyeur pour malt	0,57
3°	Le concasseur à malt.	0,75
4°	Le montage des sacs.	1,50
5°	La machine à battre (pour 16 000 à 2 000 kilog. de blé en 11 heures).	15
6°	Pour la machine à battre et la presse à fourrage, ensemble.	23,76

Nous allons passer en revue les différents appareils de préparation du grain et du fourrage.

Fig. 69. — Sous-station de ferme.

Voici d'abord une batteuse en grange, hermétiquement close de façon à empêcher les poussières de venir se déposer sur la dynamo (fig. 70).

On emploie aussi (fig. 71-72) une batteuse en plein air mue par une petite locomobile, dont le détail est donné par la figure 73.

L'avantage de ces petites locomobiles consiste dans leur facile transport, provenant de leur légèreté. Cela permet d'en employer une seule pour faire mouvoir un grand nombre d'appareils.

Mentionnons encore une batteuse Schuckert petit modèle, ayant figuré à
l'exposition de Hambourg,
absorbant 110 volts et fournissant 1ᴾˢ,5 (2 chevaux)
(fig. 74) et une batteuse actionnée par un moteur de
l'*Union* (fig. 74 *bis*).

On pourra, de la même fa-
çon, faire mouvoir un tarare,
un moulin à farine, un treuil
de moulin (fig. 80), etc. Ci-
tons aussi la disposition d'une
presse à fourrage qui permet
un grand débit (fig. 75).

Puis nous avons l'exemple
d'un hache-paille (fig. 77) et
d'un concasseur (fig. 76).

Fig. 69 *bis*. — Moteur *Schuckert* à courant triphasé.

Dans les installations allemandes, nous trouvons beaucoup d'appareils mus

Fig. 70. — Batteuse en grange hermétique à cause des poussières.

électriquement : des scies circulaires, des raboteuses, des pompes à eau, à vin.

La question des pompes est d'une grande importance, car, par leur extrême

Fig. 71. — Batteuse électrique.

Fig. 72. — Batteuse électrique.

rapidité de mise en marche, elles permettent d'arrêter au début tout commencement d'incendie, surtout s'il y a une tuyauterie habilement disposée avec des bouches toujours munies de tuyaux en toile et de lances.

Fig. 73. — Petites locomobiles électriques *Schuckert*.

A signaler encore une tondeuse électrique pour moutons absorbant 110 volts. En voici une, vue pendant son fonctionnement à l'exposition de Hambourg (fig. 78)

Fig. 74. — Batteuse électrique, petit modèle, à l'Exposition de Hambourg.

M, électromoteur.

et un ventilateur électrique pour écuries et granges réalisé par l'*Union* (fig. 78 *bis*).

Fig. 74 *bis*. — Batteuse électrique réalisée par l'*Union*.

Il y aurait encore beaucoup à dire, mais je ne veux pas retenir plus longtemps

Fig. 75. — Presse à fourrage *Schuckert*. Dans le fond, dispositif portatif d'éclairage à arc de la figure 79.

Fig. 76. — Concasseur actionné électriquement.

l'attention du lecteur sur un sujet aussi aride. Je crois avoir montré tous les

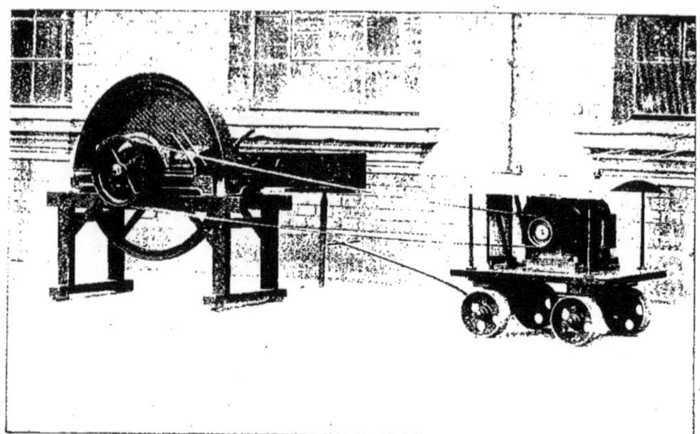

Fig. 77. — Hache-paille actionné électriquement.

Fig. 78. — Tondeuse électrique *Schuckert*, à l'Exposition de Hambourg.

avantages que l'on peut tirer de l'électricité, avantages qui proviennent de la propriété particulière qu'a l'énergie électrique de se prêter facilement à toutes

Fig. 78 *bis*. — Ventilateur pour écurie de l'*Union*.

les fantaisies du travail mécanique et, en même temps, de donner un éclairage propre, abondant, bon marché, rapide et sans danger d'inflammation.

**Frais d'établissement des appareils complémentaires nécessaires
sur un bien de 375 hectares.**

NOMBRE de PIÈCES.	DESCRIPTIONS DÉTAILLÉES DES OBJETS.	PRIX.	P. 100.				FRAIS ANNUELS.
			POUR intérêts.	POUR amortissement.	POUR réparations.	TOTAL.	
		fr.					fr.
1	Moteur carrossable de 11^{ps},25, avec accessoires (battre le blé).	3 000	4	6	5	15	450
1	Tambour à câble contenant 30 mètres de conducteurs souples . .	500	4	6	5	15	75
1	Moteur transportable de 1^{ps},5 avec accessoires (hacher la paille, pomper, etc.).	1 500	4	6	5	15	225
1	Élévateur électrique.	2 500	4	6	5	15	375
1	Transformateur à la ferme . . .	2 500	4	5	2	11	275
»	Éclairage : 4 lampes à arc, 80 lampes à incandescence	1 500	4	5	5	14	210
	Total	11 500	»	»	»	»	1 610

BILANS COMPARATIFS D'UNE PROPRIÉTÉ DE 375 HECTARES
AVEC OU SANS EXPLOITATION ÉLECTRIQUE

I. *Propriété sans exploitation électrique.*

9 attelages (paire) à 3000 francs par an d'entretien chacun. . .	27 000 fr.
Locomobile de 11^{ps},25, travaillant pendant 600 heures, donc 6 750 Poncelets-heures à 0^f,30.	2 024 —
Éclairage au pétrole : 20 lampes pendant 800 heures, donc 1 600 heures d'éclairage à 0^f,0375.	600 —
Total.	29 625 fr.

II. *Propriété avec exploitation électrique.*

Sur 375 hectares, 200 doivent être labourés avec des machines et une partie même deux fois, de sorte que cela fait 300 hectares à labourer; on emploie une charrue Brutschke, qui convient le mieux pour une étendue de cette superficie, le modèle Siemens étant étudié pour de plus grandes exploitations. C'est un modèle Brutschke demandant 18^{Pts},75. Il faut, d'après les tableaux reproduits précédemment, 985 heures pour faire ce travail.

La consommation d'énergie est la suivante :

<pre>
                              Poncelets-heures.
Charrue électrique. . . . .   18,75 × 985 = 18 468,75 Poncelets-heure.
Machine à battre. . . . . .   11,27 × 600 = 6 750   —
Hache-paille, etc.. . . . . . 1,50 × 800 = 1 200   —
Éclairage. . . . .   7,50 × 800 = 6 000   —
Diverses   562,50   —
                                           ─────────
                              32 981,25 soit 33 000 Poncelets-heures.
</pre>

Si on compte, pour les établissements secondaires, un rendement de 84 p. 100, il faut prendre sur les canalisations 39 150 Poncelets, ce qui fait 21^{Pts},76 pendant 1 800 heures.

On a donc :

Dépenses :

	USINE CENTRALE				
	MACHINE à vapeur de 30 Poncelets.	MACHINE à vapeur préexistante de 30 Poncelets.	TURBINE hydraulique de 30 Poncelets.	MACHINE à vapeur de 300 Poncelets.	TURBINE hydraulique de 300 Poncelets.
	fr.	fr.	fr.	fr.	fr.
Cinq attelages restant. . . .	15 000 »	15 000 »	15 000 »	15 000 »	15 000 »
Usine centrale : 1 800 heures d'exploitation.	12 125 »	8 062,50	7 625 »	6 125 »	3 687,50
Charrue Brutschke (985 heures de travail)	8 437,50	8 437,50	8 437,50	8 437,50	8 637,50
Installation électrique fixe (éclairage de).	1 610 »	1 610 »	1 610 »	1 610 »	1 610 »
TOTAL DES DÉPENSES. .	37 172,50	33 110 »	32 672 »	31 172,50	28 735 »
Dépenses dans le cas où il n'y a pas d'énergie électrique..	29 625 »	29 625 »	29 625 »	29 625 »	29 625 »
On a une différence de. . . .	7 547,50	3 485 »	3 047 »	1 547,50	»
Ce qui fait qu'il faudra avoir un accroissement de recette par hectare de	19,60	9,30	8,15	4,12	»

BILAN D'UNE EXPLOITATION DE 1 250 HECTARES, AVEC OU SANS INSTALLATION ÉLECTRIQUE

I. *Sans installation électrique.*
Dépenses :

20 paires de bœufs à 2 500 francs par an.	50 000 francs.
Une locomobile.	4 375 —
Éclairage.	1 500 —
Dépenses pour hacher la paille, pompes, etc.	2 500 —
TOTAL DES DÉPENSES.	58 375 francs.

II. *Avec installation électrique.*

Des 1 250 hectares, 750 doivent être labourés à la machine, et un tiers deux fois, de sorte que l'on a en tout 1 000 hectares à labourer. On prend une charrue Semiens qui convient bien dans ce cas ; la puissance absorbée serait de 56^{pts},25 ; on compte qu'il faudrait 1 270 heures de travail dans ces conditions
Dépenses :

	Centrale actionnée par la vapeur. fr.	Centrale actionnée hydrauliquement. fr.
10 paires de bœufs à 2 500 francs.	25 000 »	25 000 »
	(à 0^{fr},145 le Pt-h.).	(à 0^{fr},09 le Pt-h.).
Usine centrale : 1 800 et 56^{pts},25.	16 625 »	10 312,50
Prix de la charrue.	15 698,50	15 698.50
Installations électriques diverses.	3 000 »	3 000 »
Dépenses totales dans le cas d'une installation électrique.	60 317,50	54 000 »
Dépenses dans le cas où il n'y a pas d'installation électrique	58 375 »	58 375 »
DIFFÉRENCE RÉSULTANTE. . .	+ 1 942,50	— 4 370 »

TRAVAIL EFFECTUÉ ET PRIX DE REVIENT D'UNE CHARRUE ÉLECTRIQUE

(système à 2 treuils).

Puissance absorbée.	56^{pts},25

TRAVAIL DE LA CHARRUE :

Profondeur du sillon.	Surface labourée en 1 heure au maximum. hectares.	Arrêts. p. 100.	Surface labourée effectivement en 1 heure. hectares.
30	1,13	20	0,91
35	0,85	20	0,68

500 hectares sont labourés à 30 centimètres de profondeur en . .	550 heures.
500 hectares sont labourés à 35 centimètres de profondeur en . .	720 —
1000 hectares travaillés par an en.	1 270 heures.

Les *frais annuels* s'élèvent à 12 380 francs.

Les *frais horaires* sont de :

	Fr.
Dépense d'huile..	0,375
2 machinistes..	0,750
2 aides..	0,50
TOTAL.	1,625

En 1 270 heures on aura 2 063 fr. 75.

Le total des frais par an est donc de 12 380 + 2 063,75 = 14 443 fr. 75.

La charrue absorbera $\dfrac{56^{Pts},25}{0,89} = 63^{Pts},75$ environ, étant donné que les électro-moteurs ont un rendement de 0,89.

Estimation des frais pour une charrue électrique de 56^{Pts},25

(système à deux treuils).

NOMBRE DE PIÈCES.	DÉTAIL. DES OBJETS.	PRIX d'une PIÈCE.	TOTAL.	P. 100.				TOTAL PAR AN.
				POUR intérêts.	POUR amortissement.	POUR réparations.	TOTAL	
2	Treuils avec moteurs de 56^{Pts},25.	fr. 22 500	45 000	4	6	4	14	6 300
3	Tambours à câbles pour les treuils..	2 500	7 500	4	7	8	19	1 425
1	Transformateur transportable.	»	6 500	4	5	3	12	780
»	Appareil de champs : une défonceuse, et une charrue à bascule.	»	12 500	4	7	5	16	2 000
»	800 mètres de câble d'acier.	»	3 750	4	46	»	50	1 875
	TOTAL.	»	75 250	»	»	»	»	12 380

On peut encore signaler un appareil pour faire les saucisses (n'oublions pas que nous sommes en Allemagne), une écrémeuse, etc.

Il faudrait également citer tous les appareils employés dans la sucrerie, etc.

Enfin, l'énergie électrique sera utilisée pour l'éclairage des différents emplacements de la ferme; les mêmes conduites serviront à la distribution de l'énergie. Dans certains cas même, on pourra terminer des travaux commencés ou prolonger la journée de travail à cause de l'incertitude du temps, et cela, grâce au dispositif de la figure 79, qui est très mobile (1). Il est préférable, pour cette destination, d'employer les lampes à arc à longue durée, qui ne nécessitent de manipulation que toutes les 150 heures, au lieu de 16.

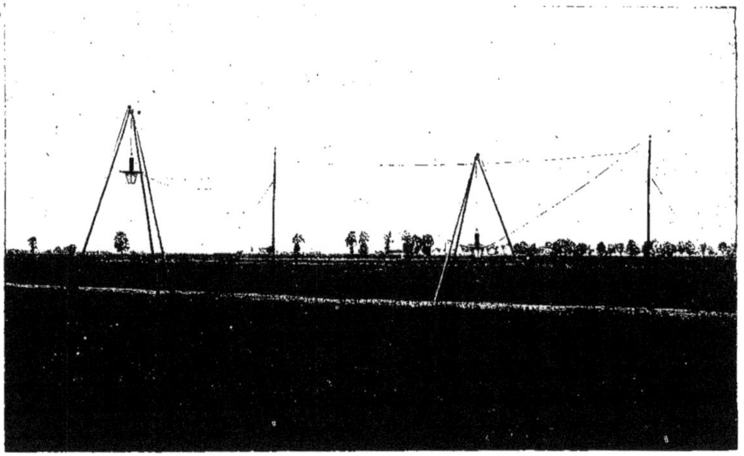

Fig. 79. — Éclairage à arc, portatif (système Schuckert).

Voici, en résumé, les principaux avantages des installations agricoles employant l'électricité comme force motrice :

1° On peut employer une force hydraulique ou une force à vapeur préexistante, utilisée momentanément dans l'année (Ex. : distillerie, sucrerie, amidonnerie), pour faire mouvoir : la charrue, la batteuse, la pompe centrifuge, la scie rotative, le presse-motte, etc.; et, dans le deuxième cas, cela permet un amortissement plus rapide du capital engagé dans l'installation initiale.

2° Les machines utilisant l'énergie électrique peuvent être placées à n'importe quel endroit sans nuire au rendement économique puisque la transmission se fai par une ligne en cuivre avec peu de perte.

(1) Il reste à signaler une application curieuse et récente. Un aviculteur, remarquant qu'il devait avoir dans son poulailler un certain nombre de poules ne pondant pas, a eu l'idée d'installer des appareils producteurs de rayons X, et d'examiner ses bêtes une à une pour reconnaître les mauvaises pondeuses, qui ont été éliminées.

3° Le même moteur électrique peut faire mouvoir successivement, et à des instants variables, différentes machines agricoles, grâce à son poids léger, d'où son facile transport.

4° La division illimitée de l'énergie électrique permet de faire fonctionner en même temps et en des lieux différents plusieurs appareils.

5° On a la possibilité, avec la même distribution, de fournir la force motrice, l'éclairage et même le chauffage.

6° On a aussi la sécurité presque absolue contre le feu, à la condition, toutefois, d'avoir une installation bien comprise et exécutée avec le plus grand soin, en ne ménageant nullement les appareils de sûreté.

7° La manipulation de l'exploitation est facile et simple.

8° Ce genre d'énergie permet la mise en route instantanée de pompes à grand débit, pour localiser et même arrêter tout commencement d'incendie, à la condition d'avoir un réseau de conduites d'eau bien compris.

9° Par la suppression des bêtes de somme, on évite l'action des grandes maladies épidémiques et des oscillations financières dans le prix des matières alimentaires, d'où il résulte quelquefois une vente forcée qui amène la ruine.

Certainement, ces procédés de culture ne se généraliseront pas en France aussi vite qu'on pourrait le désirer, par suite de la division excessive de la propriété (1). Cette division n'a aucun lien avec la composition du sol, et, par conséquent, comme on l'a déjà dit tant de fois, elle est nuisible à la culture comme on doit la comprendre aujourd'hui pour pouvoir lutter avec nos concurrents étrangers sans gêner nos propres concitoyens par des droits vexatoires.

Il y a bien la question du remembrement qui est mise à l'étude depuis longtemps, mais les résultats obtenus sont bien rares.

Il y a encore beaucoup à faire en France. C'est aux électriciens à mobiliser des capitaux, à distribuer l'électricité à bon marché, à louer des appareils de culture ou même faire exécuter par leurs propres ouvriers les travaux de l'agriculture, sans obliger le paysan à immobiliser un capital qu'il lui est presque impossible de se procurer.

C'est aux agriculteurs à se grouper, à s'entendre, à former des syndicats, dont la puissance d'action est toujours beaucoup plus grande que celle d'aucun de ses membres (2).

Quant au grand propriétaire, malgré les jalousies dont il est l'objet, et qui

(1) Malheureusement on ne cherche guère à lutter contre cela; on voudrait plutôt voir chacun exploiter son petit coin de terre. Cette méthode nous nuira beaucoup, en ne nous permettant pas d'avoir un travail économique.

(2) Nous serons d'ailleurs toujours très heureux de renseigner et de guider ceux que ces questions intéresseraient.

l'arrêtent souvent, il est de son devoir d'étudier la question, de chercher les avantages qu'il peut obtenir dans les conditions où il se trouve. C'est à lui à donner l'exemple, mais en marchant sagement, sans passer d'un extrême à l'autre.

Fig. 80. — Treuil de moulin ou de ferme mû électriquement.

Un champ qui est certainement plus libre, où l'on rencontrera moins de résistance pour cette application, — surtout aujourd'hui, où une réaction commence à se faire en faveur de nos colonies, — c'est en Algérie, à Madagascar. Là, des concessions immenses et d'un seul tenant pourraient être mises en exploitation, à la condition toutefois que ces concessions fussent accordées à des Sociétés ayant de puissants moyens d'action et non à des particuliers, la plupart du temps sans argent.

On ne verra alors peut-être plus employer des procédés de travail agricole aussi barbares que celui de cet Arabe qui, n'ayant pas assez de force motrice pour ses travaux de labour avec son âne, ne trouve rien de mieux que d'atteler sa femme en flèche avec cet intéressant animal.

Malheureusement, il se mêle à ce mouvement colonial un esprit démocratique mal compris, qui menace de rendre pour longtemps encore nos colonies improductives. C'est la théorie des petites concessions; on ne veut en accorder qu'à des gens de petite surface, oubliant que ce n'est qu'avec de puissants moyens d'action que l'on arrive à produire et à exporter, ce qui fait la richesse d'un pays.

C'est un grave danger; nous engloutissons ainsi des millions dans nos colonies sans vouloir employer les méthodes nécessaires pour en retirer un profit.

On ne veut pas des grandes compagnies, oubliant que c'est grâce à elles que nos concurrents coloniaux ont réussi.

Ceux qui, par hasard, comprennent les avantages que nous pourrions tirer de ces méthodes d'exploitation à l'aide de grandes compagnies, se taisent par peur, ils craignent d'être accusés de favoritisme.

Les innovateurs s'attirent même parfois chez nous l'hostilité de leurs concitoyens. En effet, n'a-t-on pas vu un candidat aux élections législatives dire, en parlant des appareils de M. Félix Prat :

« Si les paysans se rendaient compte de ce que veut faire M. Prat avec ses machines, ils les auraient déjà brûlées depuis longtemps. »

Et cela parce qu'on reproche à M. Prat de chercher à substituer des machines à la main-d'œuvre et de répandre une méthode qui doit, dit-on, amener la ruine du petit propriétaire.

Tout cela est faux. Tant qu'on ne verra que des intérêts particuliers, on n'aura ni le salut du pays, ni le salut de celui qu'on cherche à protéger d'une façon si maladroite. Jamais les machines n'ont déprécié la main-d'œuvre; elles ont surtout pour effet de donner plus de puissance à cette main-d'œuvre, qui commence à tant manquer en agriculture. Il y a là un grand sujet d'inquiétude pour le relèvement de cette branche du travail français.

Ne voit-on pas en effet les viticulteurs de la Gironde dans l'impossibilité de se procurer tous les bras nécessaires à leurs travaux?

Les machines ont un autre avantage : celui de produire davantage. Augmentant le rapport du propriétaire, elles permettront d'élever le salaire de ceux qui sauront rester au travail de la terre.

Comme j'ai déjà cherché à vous le faire voir, après bien d'autres plus compétents que moi, l'Allemagne est actuellement un redoutable concurrent pour nous. A tous les points de vue : industriel et agricole, elle progresse encore, et nous en sommes à nous réveiller. Il est temps de sortir de notre torpeur et de rompre un peu avec la proverbiale routine française.

Nous avons de grandes qualités, mais nous les laissons étouffer par de graves défauts, au premier rang desquels il faut mettre une trop vive indifférence et le manque d'esprit de suite. Il est encore temps. Ayons confiance dans nos capitaux et que ce ne soient pas les jalousies qui empêchent l'accroissement du bien-être et du développement de notre pays.

Paris. — Typographie Chamerot et Renouard, 19, rue des Saints-Pères. — 37486.

L'Encouragement a été fondée, en 18[..], pour l'amélioration de toutes les branc[es]
[de l'industrie fr]ançaise.

[Elle déc]erne des prix et médailles pour les inventions et les perfectionnement[s ...]
[...];

[Elle] se livre aux expériences et essais nécessaires pour apprécier les procédés nouveaux [qui lui] sont présentés;

Elle publie un *Compte rendu* des séances de son Conseil d'administration et du *Bulletin* men[suel] renfermant l'annonce raisonnée des découvertes utiles à l'industrie, faites en France et [à l']étranger;

Elle distribue des médailles aux ouvriers et contremaîtres des établissements agricoles et manufacturiers qui se distinguent par leur conduite et par leur travail;

Elle vient au secours des inventeurs que leur âge ou leurs infirmités mettent hors d'état de se suffire;

Elle procure aux ouvriers qui ont fait une invention utile les moyens de payer les annuités de leurs brevets.

Les membres de la Société peuvent concourir pour les prix qu'elle propose. Les membres du Conseil d'administration sont exclus de tous les concours.

La Société d'Encouragement a commencé la quatrième série de son *Bulletin* en 18[..].

Le *Bulletin* contient :

1° Les procès-verbaux du Conseil d'administration, les mémoires et rapports adoptés par ce Conseil, des communications écrites et des extraits de la correspondance imprimée;

2° Des chroniques destinées à faire connaître les découvertes et les procédés qui intéressent le commerce et l'industrie du pays;

3° Des articles de fond se composant d'extraits de voyages industriels, de dissertation[s sur] des sujets scientifiques applicables à l'industrie, de notices, mémoires et documents relatif[s au] commerce français et étranger, de descriptions de machines nouvelles ou peu connues, etc.

Le *Bulletin* est adressé, franc de port, à MM. les Sociétaires.

Chaque année de ce *Bulletin* forme un volume in-4° et contient des planches, ainsi qu'un grand nombre de gravures intercalées dans le texte.

Par délibération du Conseil, en date du 1er juin 1864, il a été décidé que les membres de la société prendraient désormais les titres suivants :

DONATEURS. — MEMBRES PERPÉTUELS. — Ils reçoivent le *Bulletin* de la Société à perpétuité [; le] droit est transmissible soit à un établissement public, soit à un établissement reconnu comme [établissement d']utilité publique, soit enfin à un membre de la Société, ou à une personne qui sera admise [à faire] partie, suivant les formalités ordinaires, après la transmission. — La cotisation est d[e] [5]00 francs une fois payés.

MEMBRES SOUSCRIPTEURS A VIE. — Ils reçoivent, pendant leur vie, le *Bulletin* de la Société [moyennant la somme] de 500 francs une fois payés.

MEMBRES ORDINAIRES. — Ils sont soumis à la cotisation annuelle de 36 francs, et reçoivent [le Bullet]in de la Société.

[Les noms des membres] perpétuels et des membres à vie figurent en tête de la liste [des sociétaires] avec ceux de ses bienfaiteurs.

[Les souscr]iptions perpétuelles ou à vie sont capitalisées; le capital en est [porté à des] chapitres spéciaux au budget de la Société.